移动开发人才培养系列丛书

Unity3D 游戏开发项目教程（智媒体版）

主　编　王　霞　李文明　吴　金

校企合作　　资源库　　微课　　课程思政

动画　　课件　　教学大纲　　授课计划

教案　　视频　　仿真

西南交通大学出版社
·成　都·

图书在版编目（C I P）数据

Unity3D 游戏开发项目教程 / 王霞，李文明，吴金主编. —成都：西南交通大学出版社，2019.8（2023.7 重印）
（移动开发人才培养系列丛书）
ISBN 978-7-5643-7033-6

Ⅰ．①U… Ⅱ．①王… ②李… ③吴… Ⅲ．①游戏程序 – 程序设计 – 教材 Ⅳ．①TP311.5

中国版本图书馆 CIP 数据核字（2019）第 169676 号

移动开发人才培养系列丛书
Unity3D Youxi Kaifa Xiangmu Jiaocheng
Unity3D 游戏开发项目教程

主　编／王　霞　李文明　吴　金

责任编辑／穆　丰
封面设计／何东琳设计工作室

西南交通大学出版社出版发行

（四川省成都市金牛区二环路北一段 111 号西南交通大学创新大厦 21 楼　610031）
发行部电话：028-87600564　028-87600533
网址：http://www.xnjdcbs.com
印刷：成都蜀雅印务有限公司

成品尺寸　185 mm×260 mm
印张　12.75　　字数　318 千
版次　2019 年 8 月第 1 版　　印次　2023 年 7 月第 4 次（修订）

书号　ISBN 978-7-5643-7033-6
定价　39.00 元

前　言

  Unity 是由 Unity Technologies 公司开发的专业跨平台游戏开发及虚拟现实引擎，其打造了一个完美的跨平台程序开发生态链，用户可以通过它轻松完成各种游戏创意和三维互动开发，创作出精彩的游戏和虚拟仿真内容。它提供给游戏开发者一个可视化编辑的窗口，同时支持 C#，JS 等脚本的输入控制，给游戏开发者提供了一个多元化的开发平台。

  作为一款国际领先的专业游戏引擎，Unity 简洁、直观的工作流程，功能强大的工具集，使得游戏开发周期大幅缩短。通过 3D 模型、图像、视频、声音等相关资源的导入，借助 Unity 相关场景构建模块，用户可以轻松实现对复杂虚拟现实世界的创建。Unity 是一个多平台的游戏引擎，支持 Android、iOS、Windows、OX、PS4 等平台的发布和开发。在底层的渲染上，主要使用的是 Directx（运行在 Windows 平台下），OpenGL（运行在 Mac 平台下）和各自的 API（Wii 等平台），可以说，Unity 满足了广大游戏开发者的需求：可视化编辑场景，跨平台，自定义组件脚本支持，出色的渲染效果。

  随着虚拟现实（Virtual Reality，VR）、增强现实应用的兴起，这些领域需要大量的 3D 开发人员，相关领域的公司求贤若渴，但目前人才仍然供应不足，3D 开发人员的缺口很大。这些因素也大大激发了广大学子学习 3D 开发技术以及很多院校开设这方面课程的热情。

  为了便于学生的学习以及高校相关课程的开设，作者团队编写了这本基于 Unity 3D 开发引擎的教材。本书设计了 11 章，包含 Unity 概述与安装、Unity3D 界面介绍、光影效果、地形系统、Unity3D 脚本程序基础、物理系统、动画系统、自动寻路系统、粒子系统、图形用户界面——UGUI 等，本书最后一章还列举了一个典型的游戏制作项目，让读者可以从零开始一步步制作出一款游戏。

  本书本着"起点低、终点高"的原则，内容覆盖了从学习 Unity3D 开发引擎必知必会的基础知识到能够熟练使用 Unity3D 开发引擎制作简单 3D 游戏的每一个阶段，书中每一部分技术都配以相应的小案例来帮助读者加强理解。本书结构清晰，讲解到位，每个需要讲解的知识点都给出了丰富的插图与完整的案例，使得初学者易于上手。书中所有案例均是根据所介绍的知识点特色进行设计制作的，结构清晰明朗，便于进行学习，让学生在结束该课程后能够基本具备使用 Unity3D 引擎进行开发的能力，成功进入游戏及 3D 应用开发的世界中。

  本书由福建船政交通职业学院王霞、李文明、吴金编写，参与编写的还有福建船政交通职业学院的陈自力、王敏、潘燕燕、郑瑾，泉州经贸职业技术学院的程艳艳。由于 Unity3D 软件版本更新较快，以及编者知识水平有限，书中难免有不妥之处，恳请广大读者提出宝贵意见和建议，以利于我们对这本书不断加以改进。

编　者

2019 年 6 月

本书数字资源目录

序号	章	资源名称	资源类型	页码
23		input 类	MP4	P 72
24		GameObject 类（1）	MP4	P 75
25		GameObject 类（2）	MP4	P 75
26		访问组件	MP4	P 78
27	第6章 物理系统	刚体	MP4	P 81
28		刚体	动画	P 81
29		碰撞器	MP4	P 83
30		碰撞器	动画	P 83
31		Unity-3D-碰撞器的基础知识	动画	P 83
32		碰撞检测	MP4	P 85
33		触发器	MP4	P 87
34		射线	MP4	P 88
35		坦克	MP4	P 91
36		布料	动画	P 96
37		关节	动画	P 98
38		铰链关节	MP4	P 98
39		固定关节	MP4	P 101
40	第7章 动画系统	Avatar 的创建与配置	MP4	P 106
41		动画状态机 1	MP4	P 108
42		动画状态机 2	MP4	P 108
43		动画状态机 3	MP4	P 108
44		1D 混合树	MP4	P 116
45		2D 混合树	MP4	P 118

序号	章	资源名称	资源类型	页码
46	第8章 自动寻路系统	自动寻路系统	动画	P 123
47		Nav Mesh Agent 组件	MP4	P 123
48		Off Mesh Link 和 Obstacle 组件	MP4	P 124
49	第9章 粒子系统	粒子系统	MP4	P 131
50	第10章 图形用户界面 ——UGUI	Text 控件	MP4	P 145
51		Image 控件	MP4	P 147
52		Button 控件	MP4	P 152
53		Toggle 控件	MP4	P 155
54		Scroll View 控件	MP4	P 161
55		UI	MP4	P 163

本书在线答题

目　录

第 1 章　Unity 概述与安装

Unity 是由 Unity Technologies 公司开发的专业跨平台游戏开发及虚拟现实引擎，其打造了一个完美的跨平台程序开发生态链，用户可以通过它轻松完成各种游戏创意和三维互动开发，也可以通过 Unity 资源商店（Asset Store）分享和下载各种资源。

1.1　Unity 简介

1.1.1　电子游戏的发展以及 Unity 的诞生

电子游戏于 1952 年面世，在真空管计算机的平台上，开发出第一款电子游戏《井字棋游戏》，并在 1958 年 10 月 18 日研发出游戏《双人网球》。

雅达利（ATARI）时期在不久之后到来，标志着第一个游戏市场的出现，也被称为"雅达利时代"，这个时代，玩家认知较低、游戏概念不清、大量厂商"浑水摸鱼"成为最为鲜明的特征，而电子游戏 ET 也被研发出世。紧接着，在 20 世纪 70 年代，文字式游戏出现，并伴随着日本另一大厂商——Taito 加入。经典游戏《太空侵略者》被开发，《吃豆人》《创世纪》等游戏也相继出现。在 20 世纪 80 年代，世嘉，雅达利，任天堂则开始将游戏界的战火引向游戏机硬件方面。

20 世纪 80 年代末期，电子游戏出现转折，计算机游戏平台开始崛起。与此同时，任天堂推出 Game Boy，更打开了便携式游戏机的发展空间，但此时游戏引擎还尚未出现。

直到 20 世纪 90 年代，CAPCOM 推出街头霸王，Pentium 芯片面世，《仙剑奇侠传》《神话传说》等经典游戏也相继被推出，任天堂亦被世嘉 Sega Saturn 与索尼的 PlayStation 击败。1992 年，3D Realms 公司与 Apoges 公司发布的小游戏《德军司令部》和 idSoftware 公司的射击游戏 Doom，成为游戏引擎诞生初期的两部代表作，而 Doom 引擎也成为第一个被用于授权的引擎。在 1993 年底，Raven 公司采用改进后的 Doom 引擎开发了《投影者》游戏，这也成为游戏史上第一例成功的移植案例。

Quake 引擎——第一款完全支持多边形模型动画以及粒子特效的真正意义上的 3D 引擎，在 1994 年，id Software 通过该引擎开发出了游戏《雷神之锤》，该游戏的操作方式树立了 FPS 游戏标准。

一年之后，id Software 公司再次推出《雷神之锤 2》。通过再用一套全新的引擎，充分利用 3D 加速和 OpenGL 技术，使得在图像和网络方面有了质的飞跃，也成功奠定了 id Software 公司在 3D 引擎市场上的霸主地位。1999 年，id Software 公司的《雷神之锤 3》又一次独霸市场，EPIC Megagames（EPIC）公司却在此时退出了 Unreal 引擎，并且很快推出了 Unreal2 引擎，同时进行了升级，成为 Unreal2.5，开发了众多知名游戏，包括《汤姆克兰西之细胞分裂2：明日潘多拉》《天堂 2》《荒野大镖客》等。游戏引擎的高速发展进一步推动了游戏产业的扩大。

进入 21 世纪，电子游戏形成三足并立局面，游戏领域空前发展，而游戏引擎也得到空前发展。2002 年，Direct9 时代到来，EPIC 又推出了支持 64 位的 HDRR 高精度动态渲染、多种类光照和高级动态阴影特效的 Unreal3 引擎，并提供了强大的编辑工具。同时，在此期间，Monolith 公司的 Lith Tech 引擎迅速崛起，而代表作便是 *F.E.A.R* 以及 *F.E.A.R2*。之后，MAX-FX 引擎、Geo-Mod 引擎、Serious 引擎等各种引擎相继出现。正在此时，由于来自丹麦的 Joachion 与德国的 Nicholas Francis 非常喜欢做游戏,因此邀请了来自冰岛的 David 成立了团队 Over the Edge Entertainment，开发了第一代版本的 Unity 引擎，而 Unity 公司也于 2004 年在丹麦的阿姆特丹诞生，并在 2005 年，将公司总部设立在了美国旧金山，同时发布了 Unity1.0 引擎版本。至此，Unity 引擎正式诞生。

1.1.2　Unity 引擎的改革

1. Unity 与 MAC

MAC 系统是基于 Unix 内核的图形化操作系统，全称为 macintosh。它是苹果机专用系统，由苹果公司自行开发以及生产大部分相关硬件。该系统开发于 1984 年，由施乐帕罗奥托研究中心的员工 Dominik Hagen 向史蒂夫·乔布斯进行展示，后于 1997 年由苹果释放该版本——MAC OS 测试版。

经过不断改良，MAC OS 系统不断更新换代。2011 年 7 月 20 日，MAC OS X 正式被苹果改名为 OS X。2014 年 10 月 21 日发布版本 10.10。2018 年 3 月 30 日，苹果又推送了 MAC OS high sierra 10.13.4 正式版。

而 Unity 在 2005 年刚刚被发布时，所使用的平台正是 MAC 平台，最初的版本是 Unity IPhone 1.0.0，主要目的是用于开发 Web 项目以及 VR 项目，后又发布了 1.0.1，1.0.2，1.0.3，1.0.4，1.0.5，1.5.1，1.5.2 以及 1.6.0 和 1.7.0 版本。这些版本都利用了 Unity Web Player 插件支持发布网页游戏和进行 MAC 网页浏览。Unity 刚刚起步时并不起眼，初期 Unity 的知名作品也是少之又少，但是 Unity1.0 奠定了之后使用以 MAC OS 演变来的 IOS（IPhone OS）的基础。

2. Unity 与 Windows

在 2006 年 11 月，具有重大意义的 VISTA 系统发布，它引发了一场硬件大革命，使个人计算机（PC）正式进入双核、大内存、大硬件时代。当时 Windows XP 是最易用的操作系统之一，虽然 XP 和 VISTA 的使用习惯具有一定的差异，但是 VISTA 华丽的界面和炫酷的特效却进一步促使了 Windows 系统的发展。

同时，苹果公司于 2007 年 1 月 9 日在 Macword 上公布了 IOS。IOS 是由苹果公司开发的以 MAC OS 为核心的移动操作系统。最初是设计给 iPhone 使用的，原本此系统名为 iphone OS，但由于 iPad，iPhone，iPad touch 都使用 iphone OS，故在 2010 年 WWDC 大会上改名为 IOS。

Wii 也在 2007 年推出，凭借革命性的指针和动态感应无线遥控手柄，将 VR 技术向前推动了一大步,成为流行的互动设计的鼻祖。同时，在 2012 年，任天堂又发表了后继机种 Wii U,

Wii U 是任天堂历史上第一部支持全画质高分辨率（最高分辨率达到 1080P）的家用游戏机。

在这一系列发展的推动下，2008 年，Unity 也推出了 Windows 版本，并开始支持 IOS 和 Wii，顺应了当时的发展趋势，并在 Windows 的平台上进一步开发出了更强大的功能，也借此开启了今后 Unity 在 Windows 平台上逐步脱颖而出的新纪元。

众多知名游戏在 2008—2010 年期间被开发出来，首先利用 Unity 引擎开发了 *Dead Frontier* 策略游戏，并于 2008 年发布；同年，《三国演义》也借助 Unity 引擎成功被开发，相比于 1999 年开发的《三国演义单机版》，这款游戏已经可以进行网上对战，增加了更多的趣味性；在 2009 年，由韩国研发商 Grjgon 和美国知名卡通节目 "Cartoon Network" 共同凭借 Unity 引擎研发了 3D 线上游戏 *Cartoon Network Universe：Tusion Fall*，这款游戏更是允许玩家可以自由运用超过一万种以上的物件打造专属角色，并将 "Cartoon Network" 里的热门人物运用其中，一起在卡通世界里冒险。

3. Unity 与 Android

Android 是 Google 公司发布的智能手机软件开发平台，并结合了 Linux 核心，承袭了 Linux 的一贯特色，将开发的源代码免费公布，而且允许进行任意修改和复制。Google 公司在 2007 年发表 Android 后，同年成立了 OHA（Open Handset Alliance）。Android 以 java 作为开发语言，并以 Webkit 的浏览引擎开发出内置浏览器，支持多种不同多媒体模式。

同时，Unity 引擎经过前两年在 Windows 平台的发展历程，在游戏开发领域已被很多人关注。在 2010 年，Unity 引擎正式开始兼容 Android，将影响力进一步扩大，Unity 引擎也成为游戏开发引擎的佼佼者之一。同年 11 月，由公司创立之初利用 Unity 引擎研发设计的角色扮演游戏《推到 online》在 Android 平台上发布，同年，*Thomas Was Alone* 和 *Max & the Magic Marker* 也逐一在 Android 平台登陆。

4. Unity 体系的基本完成

从推出只适用于 MAC 平台的 Unity 1.0 版本引擎，到 2008 年推出 Windows 版本，支持 Wii 和 IOS，再到 2010 年，开始支持 Android，最后到 2011 年，开始支持 PS3 和 Xbox 360。

Xbox 是微软公司出产发行的 128 位 TV 游戏机，也是微软目前游戏机中拥有最强大的绘图运算的主机。目前的最新款便是 Xbox one，它可以完全以无线模式操作，具备共享内存 DDR3 8 GB，AMD APU 处理器与 CPU 8 核浮点运算能力。至于 PS4（Play Station 4），则是索尼电脑娱乐所开发的家用游戏机，也是该公司推出的第四款电视游戏机，具有蓝光光盘（Blue-rag Disc）链接能力。

至此，Unity 引擎已经全平台构建完成，引擎内置了 NVIDIA 的 PhysX 物理引擎，并有一个强大的光照贴图烘焙工具 Beast（Autodest 公司开发），能够进行色彩反弹（Color Bounce）、软阴影（Soft shadows）、高动态范围光照（High Dynamic Range Lighting）以及移动对象光照（Lighting of Moving Objects），同时有强悍的 Mecanim 动画系统。该系统是 Unity 引擎从 4.0 版本开始启用的，不仅可以创造自然流畅的动作，还能直接在编辑器中编辑和设置角色蒙皮、混合机状态树和控制器，而且还支持动画重定向 IK 骨骼等。内置的地形编辑器和 ShaderLab 着色器，可以为游戏创造炫酷的游戏画面，并且可以通过支持 C#、JavaScript 和 Boo 三种语言，编写游戏脚本对游戏进行控制。除此之外，强大的内存分析 Memory Profiler 和从客户端到服务器的完整联网解决方案，配合资源商店，使 Unity 引擎使用起来十分方便。

最为重要的是经过漫长发展后，Unity 所拥有的强大的兼容性以及广阔的应用平台，使该引擎被广泛用于游戏开发。Unity 引擎体系成为游戏开发中最强大的游戏开发引擎之一，也成为目前国内最受欢迎的游戏开发引擎之一。

2011 年，由 Squad 开始开发一款沙盘风格的航空航天模拟游戏《坎巴拉太空计划》，在 2015 年 4 月 17 日正式开始发行后，这款以 Unity3D 引擎开发的游戏受到一致好评，并在 2015 年 10 月，荣获第 33 届金摇杆奖最佳独立游戏奖。

2012 年，众多通过 Unity 引擎开发的游戏发布，被应用于 Xbox360、PS3 等众多游戏设备上，其中包括从 2005 年 9 月开始研发，到 2006 年 12 月研发完成的音乐舞蹈类游戏《唯舞独尊》，以及受到一致好评的《神庙逃亡》《捣蛋猪》等游戏。众多借助 Unity 引擎开发的游戏在游戏界中大放异彩，Unity 引擎开发的作品也如雨后春笋般不断出现。

5. Unity 的舍弃

2001 年前后，互联网上的动画表现形式单一，Flash 凭借只有几百千字节至几百兆字节，却拥有精美画面的特点，备受青睐，迅速占领市场。之后 Flash 从最初版本 Future Splash Aximator 改名为 Flash 1.0，并于 1997 年 6 月推出 Flash 2.0，1998 年 5 月推出 Flash 3.0，经过不断发展，Flash 的性能不断增强，吸引了众多的使用者。

然而，从 2003 年 Flash MX（Flash Player 6）开始，Macromedia 为 Flash 加入了支持播放视频能力后，Flash MX 2004（Flash Player 7）开始把视频单独作为一种格式——FLV 格式，这直接导致了优酷、土豆、Youtube 等软件接连出现，而 Macromedia/Adobe 一直改善 FLV 格式，不断地修改令小众的视频格式发展得越来越好，致使 Flash 衰落。

2013 年 4 月 25 日，Unity 公司 CEO David Helgason 宣布 Unity 游戏引擎今后不再支持 Flash 平台，而且不再销售针对 Flash 开发者的软件授权。由于 Adobe 对于 Flash 平台没有明确的发展方向，以及不稳定的播放质量等一些原因，Unity 引擎在 4.0 版本后不再针对 Flash 平台进行相关的开发与投入。至此，Unity 引擎与 Flash 彻底结束了关系。

1.1.3　Unity 游戏时代

World of Diving 是独立制作组 Vertigo 工作室利用 Unity 引擎开发的一款支持 VR 设备的潜水游戏，也是第一款第一人称体验型游戏；*The Forest* 则是由加拿大独立游戏开发商 Endnight Games 打造的第一人称恐怖生存类游戏，利用 Unity 引擎创造了真实感极强的游戏环境；Beam Team Games 工作室通过 Unity 引擎开发了第一人称冒险独立游戏 *Standed Deep*；*The Golf Club* 是以 Unity 引擎开发的一款高尔夫球体验游戏，给玩家以第一人称视角，让玩家身临其境，体验打击高尔夫球的乐趣；《炉石传说：魔兽英雄传》，该游戏是由暴雪娱乐开发的集换式卡牌游戏，在国内由网易公司代理独家经营，也是通过 Unity 引擎进行开发的；《仙剑奇侠传 6》这款经典游戏，是由隶属于大宇资讯旗下的软星科技（北京）有限公司凭借 Unity 引擎开发的；*Ghost of A Tale* 被使用 Unity 引擎开发出来后，自 2018 年 3 月 13 日发布以来，2 天收入突破 150 万美元，游戏在 steam 平台上大火。

通过 Unity 引擎开发的游戏涉及各种类型，开发的作品更有众多脱颖而出成为佳作。Unity 引擎以其优秀的兼容性，高平质的画面水平，以及简单的操作被众多游戏开发者所喜爱。

从市场角度来看，对于国内市场，Unity 引擎自从进入中国市场以来，便如龙卷风一般在国内游戏开发市场势如破竹，各方通过该引擎开发了众多深受广大游戏玩家喜爱的游戏作品，同时受到很多个体独立游戏开发者和独立游戏开发商的喜爱。对于国外市场，Unity 引擎所使用的频率更高，代表作品更是数不胜数，拥有稳定庞大的客户群，广阔的发展前景，以及众多的使用者。

而从游戏引擎发展史来看，这几年推出的游戏引擎依旧延续了近几年的发展趋势，不断追求游戏中的真实互动效果。一个好的游戏引擎，应该可以提供跨平台的游戏开发功能，最新的动画技术或绘图技术，以及实用的游戏创作工具。目前利用 Unity 引擎开发游戏可提高代码的重用性，并为游戏开发降低成本，这已然成为一种新的游戏开发趋势。而在这种趋势下，Unity 成为广泛被业界所使用的跨平台直观式的游戏引擎。

使用 Unity 引擎开发游戏不需要有太专业的技术，还能够和其他厂家的多媒体制作工具以及插件搭配，支持网络多人联机功能与支持 DirectX，OpenGL 的图形优化技术，以及可用于开发 Windows、MAC OS、Linux 单机游戏或是 IOS、Android 等移动设备游戏。而且 Unity 引擎操作简单，大幅度降低了游戏开发的门槛，并且开发成本便宜，拥有华丽的 3D 效果，给予玩家视觉享受，使个人工作室制作不再是梦想，因此相当受业界欢迎。

随着时间的沉淀，游戏产业将会不断发展，游戏内容将会更加丰富，而使用 Unity 引擎开发的游戏则会担当重要的角色。随着游戏的发展，Unity 引擎也将不断发展与创新，使用 Unity 引擎的游戏开发者将会越来越多，而好的游戏作品也将会不断涌出。Unity 引擎会成为游戏引擎中最为重要的组成部分之一，成为游戏史中重要的篇章。

1.1.4　Unity 的特点

Unity 游戏开发引擎之所以能够广受欢迎，与其完善的技术以及丰富的个性化功能密不可分。Unity 游戏开发引擎使用时易于上手，降低了对游戏开发人员的要求。下面将对 Unity 游戏开发引擎的特色进行阐述。

1. 综合编辑

Unity 简单的用户界面是层级式的综合开发环境，具备视觉化编辑、详细的属性编辑器和动态的游戏预览特性。由于其强大的综合性编辑特性，Unity 也被用来快速地制作游戏或者开发游戏原型，大大地缩短了游戏开发的周期。

2. 图形引擎

Unity 的图形引擎使用的是 Direct3D（Windows）、OpenGL（Mac、Windows）和自有的 APIs（Wii），可以支持 Bump mapping、Reflection mapping、Parallax mapping、Screen Space Ambient Occlusion、动态阴影所使用的 Shadow Map 技术与 Render To Texture 和全屏 Pose Precessing 效果。

3. 着色器

Shaders 编写使用 ShaderLab 语言，能够完成三维计算机图形学中的相关计算，同时支持自有工作流中的编程方式或 Cg.GLSL 语言编写的 Shader。Shader 对游戏画面的控制力就好比 Photoshop 中编辑数码照片，可以营造出各种惊人的画面效果。

4. 地形编辑器

Unity 内建强大的地形编辑器，支持地形创建和树木与植被贴片，支持自动的地形 LOD，而且还支持水面特效，尤其是低端硬件亦可流畅运行广阔茂盛的植被景观，能够使新手快速、方便地创建出游戏场景中所需要使用到的各种地形。

5. 物理特效

物理引擎是用一个计算机程序模拟牛顿力学模型，包括质量、速度和空气阻力等变量，可以预测各种不同情况下的效果。Unity 内置 NVIDIA 强大的 PhysX 物理引擎，可以方便、准确地开发出所需要的物理特效。

PhysX 可以由 CPU 计算，但其程序本身在设计上还可以调用独立的浮点处理器（如 GPU 和 PPU）来计算，也正因为如此，它可以轻松完成像流体力学模拟那样大计算量的物理模拟计算。并且 PhysX 物理引擎还可以在包括 Windows、Linux、Xbox360、Mac、Android 等系统在内的全平台上运行。

6. 音频和视频

音效系统基于 OpenAL 程式库，OpenAL 主要的功能是在来源物体、音效缓冲和收听者中编码。来源物体包含一个指向慢冲区的指标，声音的速度、位置和方向，以及声音强度。收听者物体包含收听者的速度、位置和方向，以及全部声音的整体增益。缓冲里包含 8 位或 16 位、单声通或立体声 PCM 格式的音效资料，表现引擎进行所有必要的计算，如距离衰减、多普勒效应等。

7. 集成 2D 游戏开发工具

当今的游戏市场中 2D 游戏仍然占据着很大的市场份额，尤其是对于移动设备比如手机、平板计算机等，2D 游戏仍然是一种主要的开发方式。针对这种情况，Unity 在 4.3 版本以后正式加入了 Unity2D 游戏开发工具集，并将在 Unity5.3 版本之后加强对 2D 开发的支持，增添许多新的功能。

使用 Unity2D 游戏开发工具集可以非常方便地开发 2D 游戏，利用工具集中的 2D 游戏换帧动画图片的制作工具可以快速地制作 2D 游戏换帧动画。Unity 为 2D 游戏开发集成了 Box2D 物理引擎并提供了一系列 2D 物理组件，通过这些组件可以非常简单地在 2D 游戏中实现物理特性。

1.2　Unity3D 下载与安装

前面已经对 Unity 游戏开发引擎进行了全面的介绍，为了能够使用 Unity 游戏开发引擎制作游戏，本小节将主要讲解 Windows 平台下 Unity 游戏开发引擎的下载以及安装，主要包括如何从官网下载能够在 Windows 平台下运行的 Unity 集成开发环境，以及安装 Unity 集成开发环境的步骤和过程。

1.2.1　Unity3D 下载

Unity 5.x 软件的下载与安装十分便捷，游戏开发者可根据个人计算机的类型有选择地安装基于 Windows 平台或 MacOSX 平台的 Unity3D 软件。考虑到国内游戏开发者使用的计算机多是 Windows 系统，因此本节将集中为游戏开发者介绍 Unity 5.6.0 版本在 Windows 平台的下载。

Unity 版本

要安装 Unity3D 游戏引擎的最新版，可以访问 Unity 官方网站如图 1-1 所示。然后下拉到页面的底端，单击"Unity"，如图 1-2 所示，即可进入 Unity 集成开发环境的选择页面。Unity 集成开发环境分为个人版和专业版，开发人员需要根据自身的需求进行选择，选择页面如图 1-3 所示。下拉到页面的底端，单击"Unity 旧版本"即可进入个人版 Unity 集成开发环境，选择 Unity 5.6.0 下载（Win）就可以下载 Unity 的安装程序了，如图 1-4 所示。

图 1-1　Unity 官网界面

图 1-2　Unity3D 下载界面

图 1-3　Unity 版本选择页面

图 1-4　Unity 集成开发环境下载页面

1.2.2　Unity3D 安装

本节将集中为游戏开发者介绍 Unity5.6.0 版本在 Windows 平台下的安装，安装步骤如下：

安装多个版本的
Unity

（1）下载好安装程序之后，双击运行，会弹出安装界面如图 1-5 所示，单击"Next"进行下一步。接下来是对 Unity 游戏开发引擎的一些相关条款和声明，如图 1-6 所示。可以阅读其中的条款，阅读完成后可单击下方的复选框以表明同意上面所陈述的条款以及声明，单击"Next"进行下一步。

（2）第三个界面是用来选择需要下载的文件，如图 1-7 所示。其中包括 Unity 集成开发环境、Web 插件、标准资源包、示例工程和 2017 版的 Visual Studio 代码编辑器软件等，可根据自己的需要自行调整，完成后单击"Next"按钮进入下一个界面。

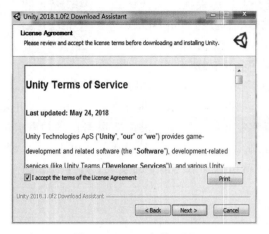

图 1-5　Unity 安装界面 1

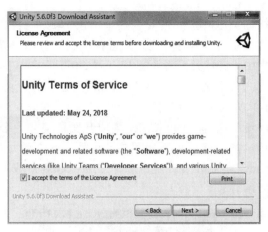

图 1-6　Unity 安装界面 2

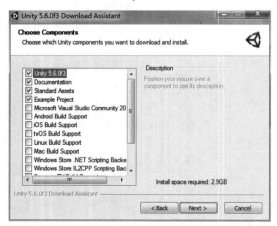

图 1-7　Unity 安装界面 3

图 1-8　Unity 安装界面 4

（3）接下来设置文件下载路径和文件安装路径，如图 1-8 所示。在窗口的上半部分可以设置下载的方式，一种是制定下载路径，另一种是在 Unity 集成开发环境下载安装，完成后删除所有下载的文件安装包。窗口下半部分用来设置 Unity 集成开发环境的安装路径。

（4）接下来确认是否下载 Microsoft Visual Studio 的相关软件。单击"Next"即可。现在只需要等待软件的下载完成即可，根据所选择软件的数量不同，下载的时间也不尽相同，请耐心等待。下载完成后 Unity 安装器就会自动地将 Unity 安装到之前设定的路径中。

1.3　Unity Asset Store 资源商店

Unity Asset Store，即 Unity 资源商店，可以通过在浏览器地址栏输入网址访问，也可以在 Unity 应用程序中依次打开菜单栏中的"Window"→"Asset Store"直接访问,或直接按[Ctrl+9]组合键。通过网页打开 Asset Store, 如图 1-9 所示。

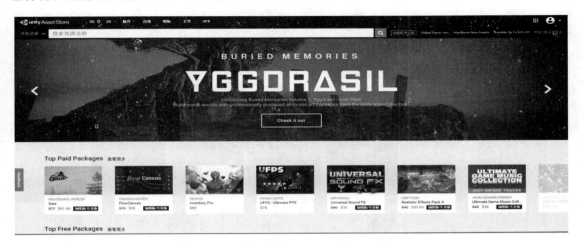

图 1-9　Asset Store 资源商店

1.3.1　Asset Store 简介

在创建游戏时, 通过 Asset Store 中的资源可以节省时间、提高效率, 包括人物模型、动画、粒子特效、纹理、游戏创作工具、音频特效、音乐、可视化编程解决方案、功能脚本和其他各类扩展插件全都能在这里获得。作为一个发布者, 用户可以在资源商店中出售或者负责提供资源, 从而在广大 Unity 用户中建立和加强知名度并取得盈利。

值得一提的是, Asset Store 还能为用户提供技术支持服务。Unity 已经和业内一些最好的在线服务商开展了合作, 用户只需下载相关插件, 便可获得包括企业级分析、综合支付、增值变现服务等在内的众多解决方案。

随着 Unity 5.x 版本引擎的推出, Asset Store 现已推出包括英文、日文、韩文、简体中文四种语言界面模式, 方便全球的 Unity 粉丝开发与使用。针对 UnityPro 用户, Asset Store 同时提供 Level 11 服务, 为专业开发者提供更多的免费与折扣资源。

1.3.2　Asset Store 使用方法

上面已对 Asset Store 进行了基本介绍, 接下来将结合实际操作来讲解在 Unity 中如何使用 Asset Store 相关资源。

（1）在 Unity 中依次打开菜单栏中的"Window"→"Asset Store"命令, 或直接按[Ctrl+9]组合键打开 Asset Store 视图。

（2）打开 Asset Store 视图后, 首先显示的是主页, 点击右上角的"转至旧版资源商店", 进入旧版本的资源商店。在资源分类区中依次打开"完整项目/教学", 这样在左侧区域中会显示 Unity 相应的技术范例, 如图 1-10 所示, 单击其中的"Bounce", 即可打开 Bounce 资源的详细介绍。

（3）在打开的 Bounce 资源详细页面可以查看该游戏对应的分类（Category）、发行商（Publisher）、评级（Rating）、版本号（Version）、文件大小（Size）、售价（Price）和简要介绍等相关信息，用户还可以预定该资源的相关图片，并且在 Package Contents 区域浏览资源文件结构等内容，如图 1-11 所示。

图 1-10　Asset Store 中选择资源

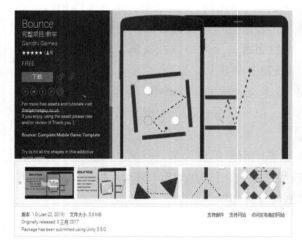

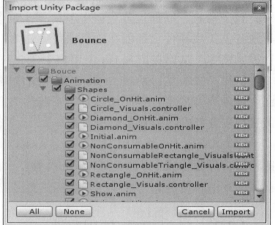

图 1-11　资源详细界面　　　　　　　　　　　　　图 1-12　资源导入

（4）在 Bounce 页面，通过单击"下载"按钮，即可进行资源的下载。当资源下载完成后，Unity 会自动弹出 Import Unity Package 对话框，对话框的左侧是需要导入的资源文件列表，右侧是资源对应的缩略图，单击"lmport"按钮即可将所下载的资源导入当前的 Unity 项目中，如图 1-12 所示。下载的资源默认存储在 C：\Users\Administrator\AppData\Roaming\Unity\Asset Store-5.x，路径中的 Administrator 是用户计算机的名字，每台计算机的都不一样，如果用户的计算机名字是 Computer，那么资源存储在 C：\Users\Computer\AppData\Roaming\Unity\Asset Store-5.x。

（5）资源导入完成后，在 Project 窗口中会显示添加的资源，单击“Scenes”后在展开的列表里双击“Game”图标即可载入该案例，在单击播放按钮运行这个案例，如图 1-13 所示。

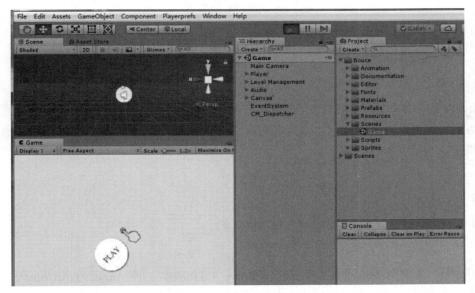

图 1-13　游戏加载界面

以上简单介绍了 Asset Store 视图的基本应用，对于用户而言，Asset Store 大量的优质素材、项目工程、扩展插件等各种资源可以大幅减少制作一个游戏的时间、成本和精力。

1.4　本章小结

Unity3D 是一款功能强大而又简单的游戏引擎，为游戏开发者提供创建和发布游戏所需要的各种支持。本章介绍了 Unity3D 的基本信息、软件的下载与安装方式以及 Unity3D 资源商店的使用。通过本章的学习，游戏开发者能够对 Unity3D 软件有一定程度的认识。

第 2 章　Unity3D 界面介绍

Unity3D 是一款"所见即所得"的游戏编辑引擎，它为我们提供的各种功能都是通过菜单和不同功能界面窗口来实现的。本章将详细介绍 Unity3D 编辑器的重要开发视图和窗口，了解视图和窗口的基本作用和功能。

2.1　Unity3D 编辑器的布局

当用户第一次打开 Unity3D（本书使用 Unity 5.6.0 版本）时，显示的是 Unity 5.6.0 默认布局方式，在默认的界面布局方式中，显示了游戏开发中经常使用的界面窗口。当然，可点击"Layout"按钮选择习惯用的布局，如图 2-1 所示。这里每一种布局都有其自己的特点和使用范围，开发者也可以根据自己的喜好，选择不同的布局风格。本书中的 Unity 编辑器将会采用 2 by 3 的布局风格进行开发。

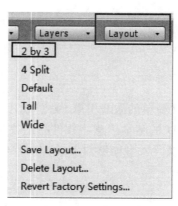

图 2-1　Layout 布局

2.1.1　标题栏

所有的应用程序基本上都有标题栏，标题栏用于显示软件的一些信息，Unity3D 的标题栏也具有同样的作用，从这个标题栏中显示了关于游戏工程、游戏场景和游戏发布平台的信息，如图 2-2 所示。

图 2-2　Unity3D 的标题栏

Unity 5.6.0f3（64bit）表示该软件的版本，SampleScene.unity 表示当前打开场景的名称，Test 表示该工程的名称，PC，Mac & Linux Standalone 表示该游戏的发布平台。如果该标题后面加了一个*号，表示该场景做了修改之后还未保存。

2.1.2　主菜单栏

主菜单集成了 Unity3D 的所有功能菜单，如图 2-3 所示。用户可以通过菜单栏实现创作。每个下拉菜单的左边是该菜单项的名字，右边是其快捷键，如果菜单项名字后面有省略号，表示将打开一个对应的面板，如果后面有一个三角符号，表示该菜单项还有一个子菜单。如果安装了其他的插件时，可能会在菜单中添加其他的选项。

File　Edit　Assets　GameObject　Component　Window　Help

图 2-3　主菜单栏

1. File（文件）菜单

创建、打开游戏工程和场景，以及发布游戏、关闭编辑器等。

New Scene（新场景）：创建一个新的游戏场景，快捷键是[Ctrl+N]。

Open Scene（打开场景）：打开一个已经保存的场景，快捷键是[Ctrl+O]。

Save Scene（保存场景）：保存一个正在编辑的场景，快捷键是[Ctrl+S]。

Save Scene as ...（把场景保存为）：把一个正在编辑的场景保存为另外一个场景，快捷键是[Ctrl+Shift+S]。

New Project...（新建工程）：创建一个新的游戏工程。

Open Project...（打开场景）：打开一个已经存在的工程。

Save Project（保存工程）：保存一个正在编辑的工程。

Build Settings...（发布设置）：发布一个游戏设置，通过这个菜单可以发布不同平台的游戏，快捷键是[Ctrl+Shift+B]。

Build & Run（发布并运行）：发布并运行该游戏，快捷键是[Ctrl+B]。

Exit（退出）：退出编辑器。

2. Edit（编辑）菜单

提供了回撤、复制、粘贴、运行游戏和编辑器设置等功能。

Undo（撤销）：当用户误操作之后，可以使用该功能回到上一步的操作，快捷键是[Ctrl+Z]。

Redo（取消回撤）：当用户撤销多次时，可以使用该功能前进到上一步的撤销，快捷键是[Ctrl+Y]。

Cut（剪切）：选择某个对象并剪切，快捷键是[Ctrl+X]。

Copy（拷贝）：选择某个对象并拷贝，快捷键是[Ctrl+C]。

Paste（粘贴）：剪切或者拷贝对象之后，可以把该对象粘贴到其他位置，快捷键是[Ctrl+V]。

Duplicate（复制）：复制选中的物体，快捷键是[Ctrl+D]。在 Unity3D 中，该功能的使用比 Copy+Paste 更多。

Delete（删除）：删除某个选中的对象，快捷键是[Shift+Del]。

Frame Selected（聚焦选择）：选择一个物体后，使用此功能可以把视角移动到这个选中的物体上，快捷键是[F]。

Lock View to Selected（聚焦）：聚焦到所选对象，快捷键是[Shift+F]。

Find（查找）：可以在资源搜索栏中输入对象名称来查找某个对象，快捷键是[Ctrl+F]。

Select All（选择所有）：可以一次性选择场景中所有的对象，快捷键是[Ctrl+A]。

Preferences...（偏爱设置）：可以设置 Unity3D 的外观、脚本编辑工具、AndroidSDK 路径等。

Modules...（模块）：选择加载 Unity3D 编辑器模块。

Play（播放）：点击可以运行游戏，快捷键是[Ctrl+P]。

Pause（暂停）：暂停正在运行的游戏，快捷键是[Ctrl+Shift+P]。

Step（逐帧运行）：以一帧一帧的方式运行游戏，每点击一次，游戏运行一帧，快捷键是[Ctrl+Alt+P]。

Sign in...（登录）：登入 Unity3D 账号。

Sign out（退出）：退出 Unity3D 账号。

Selection（载入所选）：载入使用 Save Selection 所保存的游戏，选择所要载入相应游戏对象的编号，便可重新选择游戏对象。

Project Settings（工程设置）：可以通过根据工程的需要设置该工程中的输入，以及音效、计时器等属性。

Graphics Emulation（图形处理模拟器）：该选项可以模拟针对不同的图形处理 API（应用程序接口）或者设备进行最终效果的模拟。

Network Emulation（网络模拟器）：在开发网络游戏时，可以通过选择不同的网络宽带来模拟实际的网络。

Snap Settings...（捕捉设置）：通过该选项，可以在编辑场景时对游戏对象进行移动、旋转和缩放。

3. Assets（资源）菜单

该菜单提供了对游戏资源进行管理的功能，该选项的子选项也可以在 Project 窗口中通过鼠标右键打开。

Create（创建）：新建各种资源。

Show in Explorer（打开资源所在的目录位置）：选择某个对象之后通过操作系统的目录浏览器定位到其所在目录中。

Open（打开资源）：选择某个资源之后，根据资源类型以对应的方式打开。

Delete（删除某个资源）：删除资源，其快捷键是[Del]。

Open Scene Additive（打开添加的场景）：添加新的场景。

Import New Asset...（导入新的资源）：通过目录浏览器导入某种需要的资源。

Import Package（导入包）：在 Unity3D 中，资源可以通过打包的方式实现资源的共享，并通过导入包来使用包资源，包资源的文件后缀名是 UnityPackage。

Export Package...（导出包）：通过在编辑器中选择需要打包的资源，并通过该功能把这些资源打包成一个包文件。

Find References In Scene（在场景中找到对应的资源）：选择某个资源之后，通过该功能在游戏场景中定位到使用了该资源的对象。使用该功能后，场景中没有利用该资源的对象会以黑白来显示，而使用了该资源的对象会以正常的方式显示。

Select Dependencies（选择依赖资源）：选择某个资源之后，通过该功能可以显示出该资源所用到的其他资源，比如某个模型资源，其附属的资源还包括该模型的贴图、脚本等资源。

Refresh（刷新资源列表）：对整个资源列表进行刷新，快捷键是[Ctrl+R]。

Reimport（重新导入）：对某个选中的资源进行重新导入。

Reimport All（重新导入全部资源）：对项目中的全部资源进行导入。

Run API Updater...（运行更新器）：运行 API 更新器。

Open C# Project（与 MonoDevelop 同步）：开启 MonoDevelop 并与项目同步。

4. GameObject（游戏对象）菜单

该菜单提供了创建和操作各种游戏对象的功能。

Create Empty（创建空对象）：使用该功能可以创建一个只包括 Transform 组件的空游戏对象，快捷键是[Ctrl+Shift+N]。

Create Empty Child（创建空的子对象）：创建其他组件，如摄像机、接口文字与几何物体等，快捷键是[Alt+Shift+N]。

3D Object（3D 对象）：创建三维对象。

2D Object（2D 对象）：创建二维对象。

Light（灯光）：创建灯光对象。

Audio（声音）：创建声音对象。

Video（视频）：创建视频对象。

UI（界面）：创建 UI 对象。

Particle System（粒子系统）：创建粒子系统。

Camera（摄像机）：创建摄像机对象。

Center On Children（父物体对齐到子物体）：使得父物体对齐到子物体的中心。

Make Parent（创建父物体）：选中多个物体后，点击这个功能可以把选中的物体组成父子关系，其中在层级视图中最上面的那个为父节点，其他为这个节点的子节点。

Clear Parent（取消父子关系）：选择某个子物体，使用该功能，可以取消它与父物体之间的关系。

Apply Changes To Prefab（应用变更到预置）：使用 Prefab 生成的对象通过在场景中编辑之后，可以把变更应用于资源库中的预置。

Break Prefab Instance（断开预置连接）：使用该功能可以使得生成的游戏对象与资源中的预置断开联系。

Set as first sibling：设置选定子对象为父对象下面的第一个子对象，快捷键是[Ctrl+=]。

Set as last sibling：设置选定子对象为父对象下面的最后一个子对象，快捷键是[Ctrl+-]。

Move To View（移动到场景窗口）：选择某个游戏对象之后，使用该功能可以把该对象移动到当前场景视图的中心，快捷键是[Ctrl+Alt+F]。

Align With View（对齐到场景窗口）：选择某个游戏对象之后，使用该功能可以把该对象对齐到当前场景视图，快捷键是[Ctrl+Shift+F]。

Align View to Selected（对齐场景窗口到选择的对象）：选择某个游戏对象之后，使用该功能，可以使得场景的视角对齐到该游戏对象上。

Toggle Active State（切换激活状态）：设置选中对象为激活或不激活状态，快捷键是[Altl+Shift+A]。

5. Component（组件）菜单

该菜单可以为游戏对象添加各种组件。Unity3D 出色之处便是以组件的方式来控制游戏对象，使得创作游戏的流程更具有灵活性。简单地说，在 Unity3D 中创作游戏就是不断地为各种游戏对象添加各种组件并修改它们的组件属性来完成游戏的功能。这里还要注意，菜单会根据用户所添加的组件资源或者插件的不同而不同，其菜单列表也会有所变动。

Add...（添加）：为选中的物体添加某个组件。

Mesh（面片相关组件）：添加与面片相关的组件，例如面片渲染、文字面片、面片数据。

Effects（效果相关组件）：比如粒子、拖尾效果、投影效果等。

Physics（物理相关组件）：可以为对象添加刚体、铰链、碰撞盒等组件。

Physics 2D（二维物理相关组件）：可以为对象添加刚体、铰链、碰撞盒等组件。

Navigation（导航相关组件）：该组件模块可以用于创作寻路系统。

Audio（音频相关组件）：为对象添加与音频相关的组件。

Video（视频相关组件）：为对象添加与视频相关的组件。

Rendering（渲染相关组件）：可以为对象添加与渲染相关的组件，例如摄像机、天空盒等。

Layout（布局）：添加布局组件。

Miscellaneous（杂项）：该选项列表可以为对象添加例如动画组件、风力区域组件、网络同步组件等。

Analytics：分析跟踪器组件，通过分析 API 发送自定义事件。

Scripts（脚本相关组件）：可以添加 Unity3D 自带的或者由开发者自己编写的脚本组件，在 Unity3D 中，一个脚本文件相当于一个组件，可以使用与其他组件相似的方法来控制该组件。

Event（事件）：添加事件组件。

Network：（网络）：添加网络组件。

UI（界面）：添加界面组件。

AR：增强现实组件。

6. Window（窗口）菜单

该菜单提供了与编辑器的菜单布局有关的选项。

Next Window（下一个窗口）：从当前的视角切换到下一个窗口，使用该功能，当前的视角会自动切换到下一个窗口，实现不同的窗口视角中观察同一个物体。其快捷键是[Ctrl+Tab]。

Previous Window（前一个窗口）：会将当前的操作窗口切换到编辑窗口。

Layouts（编辑窗口布局）：可以通过它的子菜单选择不同的窗口布局方式。

Services：切换到 Vision Control 视图。

Scene（场景窗口）：创建一个新的场景窗口。

Game（游戏预览窗口）：创建一个新的游戏预览窗口，可以通过该窗口预览到游戏的最终效果。

Inspector（属性修改窗口）：创建一个新的属性修改窗口。

Hierarchy（场景层级窗口）：创建一个新的场景层级窗口。

Project（工程资源窗口）：新建一个新的工程资源窗口。

Animation（动画编辑窗口）：打开一个动画编辑窗口。

Profiler（分析器窗口）：打开一个资源分析窗口，可以通过该窗口查看游戏所占用的资源和运行效率。

Audio Mixer：音频搅拌器。

Asset Store（资源商店窗口）：打开 Unity3D 官方的资源商店窗口，通过该窗口，用户可以购买到需要的插件和资源。

Version Control：版本。

Collab History：Collab 历史。

Animator（动画片制作窗口）：可以通过该窗口来编辑角色动画。

Animator Parameter：动画参数。

Sprite Packer：图片精灵参数。

Experimental：动画状态机参数。

Holographic Emulation：全息仿真。

Test Runner：测试运行窗口。

Lighting：光照参数设置。

Occlusion Culling（遮挡消隐窗口）：通过该窗口可以制作遮挡消隐效果，对于大型场景来说非常有用。

Frame Debugger：调试器框架。

Navigation（导航窗口）：通过该窗口来生成寻路系统所需要的数据。

Physics Debugger：物理调试器。

Console（控制台窗口）：通过该窗口，用户可以查看系统所输出的一些信息，包括警告、错误提示等。

7. Help（帮助菜单）

帮助菜单提供了例如当前 Unity3D 版本查看，许可管理，论坛地址等。

About Unity...（关于 Unity）：打开该窗口，可以看到 Unity3D 当前的版本和允许发布的平台，以及创作团队等信息。

Manage License...（许可管理）：可以通过该选项来管理 Unity3D 的序列号。

Unity Manual（Unity 用户手册）：点击该选项之后，会直接连接到 Unity3D 官网的用户手册页面上。该手册主要是介绍 Unity3D 的基本用法。

Reference Manual（参考手册）：点击该选项之后，会直接连接到 Unity3D 官网的参考手册页面上，该手册主要介绍 Unity3D 提供的各种功能。

Scripting Reference（脚本参考文档）：点击该选项之后，会直接连接到 Unity3D 官网的脚本参考文档页面，该页面介绍了 Unity3D 提供的在脚本程序编写中所需要用到的各种类以及这些类的用法。

Unity Forum（Unity 论坛）：点击该选项之后，会直接连接到 Unity3D 的官方论坛，在上面可以发起各种帖子或者找到一些在使用 Unity3D 中所遇到的问题的解决方案。

Unity Answers（Unity 问答论坛）：点击该选项之后，会直接连接到 Unity3D 的官方问答论坛，如果在 Unity3D 中遇到任何问题，可以通过该论坛发起提问。

Unity Feedback（反馈页面）：点击该选项之后，会直接连接到 Unity3D 的官方反馈面，该页面有官方对用户的一些问题的反馈。

Check for Updates（检查更断）：检查 Unity3D 是否有更新版本，如果有，会提示用户更新。

Release Notes（发布特性一览）：点击该选项，会直接连接到 Unity3D 的发布特性一览页面上，该页面显示了各个版本的特性。

Software Licenses：软件许可证。

Report a Bug（报告错误）：当用户在使用 Unity3D 时，发现引擎内在错误，可以通过该窗口把错误的描述发送给官方。

以上简略介绍了 Unity3D 的菜单功能，详细的用法将在后续的章节中提到。接下来，介绍在 Unity3D 中使用频率最高的几个窗口。

2.2　Unity3D 常用工作视图

2.2.1　Project 资源管理器

在该窗口中，保存了游戏制作所需要的各种资源。常见的资源包括游戏材质、动画、字体、纹理贴图、物理材质、图形用户接口、GUI、脚本、预置、着色器、模型、场景文件等，可以把该窗口想象成一个工厂中的原料仓库。点击该窗口右上角的█图标，可以根据自己的喜好选择资源的排列方式，这里采用 One Column Layout 排列方式，如图 2-4 所示。由于项目中可能包含成千上万的资源文件，如果逐个寻找，有时候很难定位某个文件，此时用户可以在窗口的搜索栏中输入要搜索的资源的名称。如果用户知道资源类型或标签，也可以通过点击 █ 和 █ 按钮以组合的方式来缩小搜索的范围。资源项目窗口如图 2-5 所示。

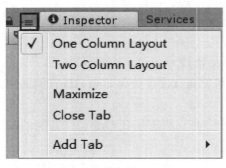

图 2-4　资源排列方式

图 2-5　资源项目窗口

1. 新建资源

接下来介绍新建资源的方法，从新建一个工程开始。

（1）选择菜单"File"→"New Project..."，此时会弹出导航窗口，设置新建项目工程名称为 MyTest，并设置相应的工程路径（注意，Unity 虽然支持中文路径但是建议用户还是以英文路径来作为存储路径，此项目的案例存储路径为 F：\Unity5.6）。接着选择项目模型为 3D 类型（该设置可以在项目中随时更改），如图 2-6 所示。如果要导入 Unity3D 自带的资源包，则单击"Add Asset Package"按钮，此时弹出 Asset package 资源包列表，选择所需要的资源包，单击"Done"即可，如图 2-7 所示。如果不需要，则不做任何选择，直接单击"Create Project"按钮完成 Unity 项目工程的创建。

图 2-6　新建项目

图 2-7　Asset packages 资源包列表

（2）一个新的工程就创建完成了，Unity3D 自动重启，此时编辑器中是空的。在 Project 窗口中点击鼠标右键，选择"Create"，在弹出的子菜单中选择"Folder"，此时会在 Project 窗口中生成一个目录，输入文件名"Scripts"，以后用这个文件夹来保存脚本资源，如图 2-8 所示。可以使用同样的方法，新建其他的文件夹和子文件夹。

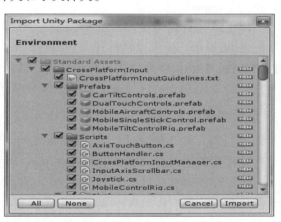

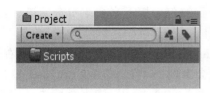

图 2-8　创建资源目录

图 2-9　导入资源包内容

2. 导入资源包

上面已经讲解了如何在新建工程的时候导入 Unity3 自带的资源包，接下来讲解如何在 Project 窗口导入一个已有的资源。

（1）在 Project 窗口中，通过点击鼠标右键打开浮动菜单，选择"Import Package"，选择"Environment"环境资源，此时它会对该资源包进行解压，并弹出一个窗口，如图 2-9 所示。这个窗口显示了这个包中包含的所有资源，用户可以在这个窗口中选择需要的素材，或点击

"All"按钮选择全部资源，或者点击"None"取消所有选择，在每个资源的左边有一个单选按钮，当出现"√"符号时，表示该资源被选中。点击"Cancel"按键时，取消该包的导入，点击"Import"按钮时，Unity3D 便开始导入选中的包。导入 Unity3D 自带的资源包之后，其资源都保存在一个目录名为"Standard Assets"中，可以打开这个包来观察其导入后的素材，如图 2-10 所示。

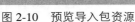

图 2-10　预览导入包资源

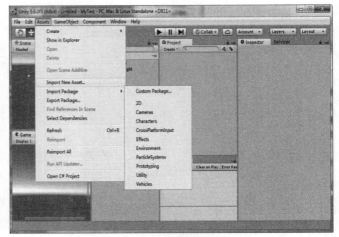

图 2-11　导入资源菜单

（2）导入外部资源。外部资源包的导入与系统资源包的导入过程大体一致。在 Project 窗口中，鼠标右击打开浮动菜单栏，选择"Import Package"中的"Custom Package..."，此时会打开文件浏览窗口，在弹出的窗口中，根据需要选择合适的资源，接着同样出现 Import Package 窗口，点击"Import"按钮即可。

（3）以上两种资源的导入，还可以通过点击菜单栏"Assets"→"Import Package"来实现，如图 2-11 所示。也可以在打开工程的情况下，找到并直接双击资源包，则资源包自动导入当前的工程。Unity3D 允许用户直接在外部目录中把素材拖入 Project 窗口，这个操作会把该素材拷贝到工程的 Assets 目录下的特定目录中。

3. 导出资源包

当需要与别人共享资源时，可以将资源打包成一个资源包。接下来介绍对资源进行打包的方法，这里将使用 Unity3D 自带的 Environment 资源作为例子。

（1）把鼠标停放在已经选上的目录上，这里选择 Standard Assets 文件夹，点击鼠标右键，打开子菜单栏，选择"Export Package..."选项栏，此时会出现一个 Exporting package 窗口，在这个窗口中显示出所有需要导出的资源，用户可以点击下方的"All"键来全部选择，或者选择"None"键来取消全部选择，或者直接在列表中点击资源名称左边的"√"单项选择按钮来选择需要导出的素材。在窗口的正下方有一个单选按钮"Include Dependencies"，如果该按钮勾选上，表示所有被关联的资源都会被导入到这个包中，即使一些被关联但是没有选择的资源也会同时打入到这个包中，如图 2-12 所示。

（2）选择"Export..."按钮，会弹出一个目录浏览器，用户可以选择需要保存该包的目录位置，同时在目录下方输入要导出的资源包的名称，点击"保存"即可。打完包之后，Unity3D 会自动打开该包保存的位置。

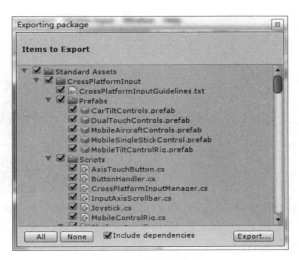

图 2-12　导出资源包

（3）同理，用户可以把鼠标停放在已经选上的目录上，然后通过点击菜单栏"Assets"→
"Export Package…"来实现，如图 2-11 所示。

以上介绍的是 Project 资源窗口的基本操作，熟悉这些操作，可以提高游戏开发的工作效率。需要强调的是，应养成时刻为资源分类并整理的习惯，这样在重要的开发过程中能迅速找到需要的资源，尤其是当游戏非常庞大的时候就显得非常重要。

2.2.2　Hierarchy 层级窗口

Hierarchy 层级窗口用于存放在游戏场景中存在的游戏对象。它显示的内容是游戏场景中游戏对象的层次结构图。该窗口列举的游戏对象与游戏场景中的对象是一一对应的。

新建一个新的工程时，在 Hierarchy 窗口，可以看到默认有 MainCamera（主摄像机）对象和 Directional Light（平行光）对象。当用户选择 MainCamera 时，在场景窗口的右下角会出现一个预览窗口，这个预览窗口是摄像机当前看到的场景，如图 2-13 所示。

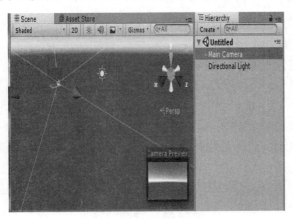

图 2-13　摄像机预览窗口

在 Hierarchy 窗口，右击鼠标会弹出一个浮动菜单栏，如图 2-14 所示。选择"3D Object"
→"Cube"，在场景中就创立了一个立方体，如图 2-15 所示，可以用同样的方法在 Hierarchy

窗口创建所需要的游戏对象。

图 2-14 对象创建菜单栏

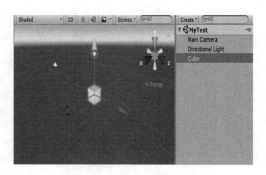

图 2-15 创立立方体对象

2.2.3 Scene 场景窗口

在 Unity3D 中，游戏的场景编辑都是在 Scene 窗口来完成，在这个窗口中，用户可以用游戏对象的控制柄来移动、旋转和缩放场景里的游戏对象。当打开一个场景之后，该场景中的游戏对象就会显示在该窗口上。

（1）Scene View Control Bar（场景视图控制栏）。在 Scene 视图的上方，可以改变摄像机查看场景的方式，比如绘图模式、2D/3D 场景视图切换、场景光照、场景特效等，如图 2-16 所示。

Scene 视图
—标题栏

图 2-16 场景视图控制栏

下面将简要介绍场景视图控制栏的各项功能：

`Shaded`：为用户提供多种场景渲染模式，默认选项是 Shaded，通过单击三角符号可以切换场景的显示模式。用户选择 Shaded 模式并不会改变游戏最终的显示方式，它只是改变场景物体在 Scene 视图中的显示方式。

`2D`：切换 2D 或 3D 场景视图。

`※`：切换场景中灯光的打开与关闭。

`◄)`：切换声音的开关。

`▣ ▾`：切换天空盒、雾效、环境光的显示与隐藏。

`Gizmos ▾`：通过单击三角符号可以显示或隐藏场景中用到的光源、声音、摄像机等对象的图标。

`Q▾All`：输入需要查找物体的名称，例如在 Scene 视图的搜索栏中输入 Cube1，找到的物体会以带颜色方式显示，而其他物体都会用灰色来显示，搜索结果也同时会在 Hierarchy 视图中显示。

（2）视图变换控制。在场景视图的右上角，有一个视图变换控制图标，该图标用于切换场景的视图角度，比如自顶往下、自左向右、透视模式、正交模式等，如图 2-17 所示。该控制图标有六个坐标手柄以及位于中心的透视控制手柄，点击六个手柄中的一个，可以把视图切换到对应的视图中，而点击中心的立方体或者下方的文字标记可以切换正交模式与透视模式，如图 2-18 和图 2-19 所示。

 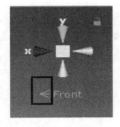 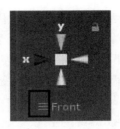

　图 2-17　视图控制手柄　　　图 2-18　透视模式　　　图 2-19　正交模式

（3）Scene View Navigation（场景视图导航）。使用视图导航  可以让场景搭建的工作变得更加便捷和高效。视图导航主要采用快捷键的方式来控制，而且在 Unity3D 编辑器的主功能面板上的图标会显示出当前的操作方式，如图 2-20 所示。

图 2-20　导航对象变换图标

Arrow Movement（采用键盘方向键控制实现场景漫游）。点击场景编辑窗口，此动作可以激活该窗口，使用↑键和↓键可以控制场景视图的摄像机向前和向后移动，使用←键和→键可以控制场景视图摄像机往左和往右移动。配合[Shift]按键，可以让移动加快。

Focus（聚焦定位）。在场景中或者 Hierarchy 窗口中选择某个物体，按下键盘的[F]键，可以使得视图聚焦到该物体上。

移动视图：按住鼠标的滚轮键，或者按键盘上的[Q]可移动场景视图下的观看位置。

缩放视图：快捷键为[Alt+鼠标右键]或者直接使用鼠标滚轮，可以对场景视图进行放大和缩小。

旋转视图：快捷键为[Alt+鼠标左键]，可以对场景视图进行旋转。

飞行穿越模式：使用键盘的[W、A、S、D 键+鼠标右键]，可以对场景视图进行移动和旋转，配合鼠标的滚轮，可以控制摄像机移动的速度。

（4）场景对象的编辑。场景的编辑可以通过移动、旋转和缩放物体来实现，在编辑器的左上角有一排按钮，这排按钮用来对游戏对象进行移动、旋转和缩放等操作，如图 2-20 所示。

　：对象移动按钮，可以对场景中的对象进行平移，快捷键是[W]键。

　：旋转按钮，可以对对象进行旋转，快捷键是[E]键。

　：缩放图标，可以对对象进行缩放操作，快捷键是[R]键。

　：缩放图标，可以对对象进行缩放操作，用于 2D 游戏对象中。

接下来，介绍如何在 Unity3D 中对场景进行编辑。

（1）打开 Unity3D，新建一个工程，并命名为 Chapter2→Test。

（2）在 Hierarchy 窗口中点击"Create"按钮，弹出浮动菜单栏，选择"3D Object"→"Plane"，新建一个平面，并保存场景"File"→"Save Scenes"，命名为 Test。

（3）在 Hierarchy 窗口中点击"Create"按钮，弹出浮动菜单栏，选择"3D Object"→"Cube"创建一个立方体，如图 2-21 所示。

（4）在 Scene 窗口选中该立方体，如果比较难选中，也可以通过 Hierarchy 窗口选中 Cube，接着按下[F]键，使得场景窗口的摄像机聚集到立方体上。点击[W]键切换到对象移动操作上，

选择 y 轴方向的操作柄，按住鼠标左键，拖动鼠标，向上拖动立方体，使得立方体在平面上面。移动操作柄共有三个：x 轴向，相对于对象的左右方向，用红色来表示；y 轴向，相对于对象的上下方向，用绿色来表示；z 轴向，相对于对象的前后方向，用蓝色来表示。当激活某一个操作柄时，该操作柄会变成黄色。在移动操作柄中，如果想在由两个轴向定义的平面内移动，可以选择该操作杆中心附近的操作平面。

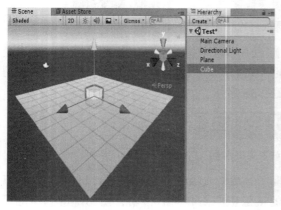

图 2-21　创建立方体

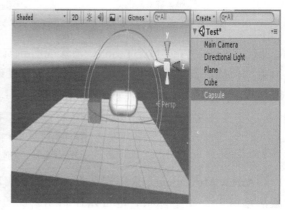

图 2-22　旋转胶囊体

（5）用同样的方法创建一个胶囊体 Capsule，调整它到适当的位置。点击[E]键，把对象操作工具切换到旋转操作。与移动工具相似，绕 x 轴旋转的操作环为红色、绕 y 轴旋转的操作环为绿色，绕 z 轴旋转的操作环为蓝色。旋转 Capsule 使它横卧在平面 Plane 上，如图 2-22 所示。此时会发现，移动操作杆的朝向改变了，这里需要注意的是，此时的操作杆的位置和朝向是与该对象的局部坐标系一致的，如果想使得操作杆的朝向与世界坐标系对齐，也就是 x 轴永远对齐左右方向，y 轴永远对齐场景上下方向，z 轴永远对齐场景的深度方向，可以使用最后一个按钮 Center Local，该按钮用于切换操作杆对齐方式，Local 表示对齐到局部坐标系，World 表示对齐到世界坐标系，如图 2-23 和图 2-24 所示。

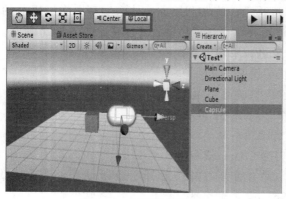

图 2-23　局部坐标系

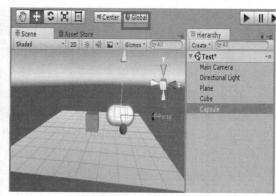

图 2-24　世界坐标系

（6）用同样的方法创建一个球体 Sphere，调整它到适当的位置。点击[R]键，把对象操作工具切换到缩放操作。缩放工具的轴向与移动工具的轴向相似，红色操作杆表示沿着 x 轴缩放，绿色操作杆表示沿着 y 轴缩放，蓝色操作杆表示沿着 z 轴缩放，选择中心的黄色操作杆可以使对象在各个轴向上等比例缩放，如图 2-25 所示，将球体等比例放大两倍。

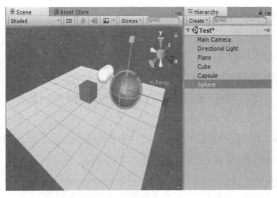

图 2-25　球体缩放

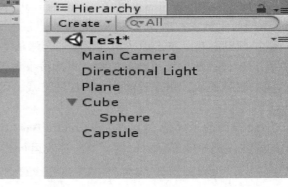

图 2-26　Sphere 对象成为 Cube 对象的子对象

（7）接下来，把 Sphere 对象作为 Cube 对象的子物体。在 Hierarchy 窗口中，选择 Sphere 对象并按住鼠标左键，拖动该对象放置到 Cube 对象上，如图 2-26 所示。对比 Sphere 坐标之后的变化，可以发现，现在该坐标值是相对于父物体的位移偏移量。现在选择 Cube 对象，此时其子物体也会被选上，对 Cube 父物体进行平移、旋转和缩放操作，可以看到 Sphere 子对象也参照父物体的变换而做相应的变换，而当子物体变换时，父物体的变换并没有受影响。如果要取消父子关系，选择 Sphere 对象并按住鼠标左键，把该对象拖出 Cube 即可。

（8）选择多个物体并同时进行变换操作。在 Scene 窗口，按住[Ctrl]键，逐个选择 Cube 和 Sphere 对象。此时会发现，变换操作杆会在最先选择的对象上。该操作杆最后决定了这几个被选择的物体的变换参考中心，当对这多个物体进行旋转时，其参考中心在最先选择的对象上，如图 2-27 所示。如果要将多选物体的变换参考中心切换到所有被选物体的中心，则点击按钮 `Pivot` 为 Center 模式，这时再对对象进行变换操作时，无论是移动、旋转还是缩放，都是以几个对象的中心点为参考变换，如图 2-28 所示。

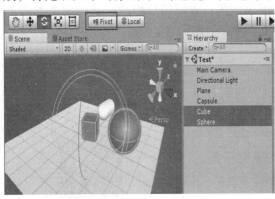

图 2-27　Pivot 模式

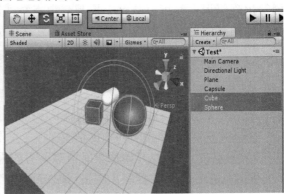

图 2-28　Center 模式

（9）最后保存场景"File"→"Save Scene"或者直接使用快捷键[Ctrl+S]，对场景进行保存。

2.2.4　Game 游戏视图

Game 游戏视图是显示游戏最终运行效果的预览窗口，通过单击　　Game 视图—标题栏工具栏中的"播放"按钮▶即可在 Game 窗口进行游戏的实时预览，方便游戏的调试和开发。Game 视图与工具栏的播放控件▶ Ⅱ ▶Ⅰ有直接的关系，三个按钮的作用分别如下：

▶：预览游戏，单击该按钮，编辑器会激活 Game 视图；再次单击则退出预览模式。

Ⅱ：暂停播放，用了暂停游戏，再次按下该键可以让游戏从暂停的地方继续运行。

▶Ⅰ：逐帧播放，用来逐帧预览播放的游戏，可以按帧来运行游戏，方便用户查找游戏存在的问题。

Game 视图的顶部是 Game View Control Bar（Game 视图控制条），用于控制 Game 视图中显示的属性，例如屏幕显示比例、当前游戏运行的参数显示等，如图 2-29 所示。

图 2-29　Game 视图控制条

Free Aspect：用于调整屏幕显示的比例，通过单击三角符号弹出显示比例的下拉列表，也可选择常用的屏幕显示比例，也可以自己设定显示比例，使用此功能可非常方便地模拟游戏在不同显示比例下的显示效果。

Maximize On Play：用于最大化显示场景的切换按钮，可以让游戏运行时将 Game 视图扩大到整个编辑器。

Mute Audio：单击该按钮可以开启或关闭场景中的音频。

Stats：单击该按钮，在弹出的 Statistics 面板里会显示当前运行场景的渲染速度、Draw Call 的数量、效率、贴图占用的内存等参数。

2.2.5　Console 控制台

控制台是 Unity3D 引擎中用于调试与观察运行状态的窗口（最底下的为状态窗口），当编译等出现错误，都可以从这个控制台中查看到错误的位置，方便用户修改。白色的文本表示普通的调试信息，黄色的文本表示警告，红色的文本表示错误信息，如图 2-30 所示。

图 2-30　Console 控制台

Clear：清除控制台中的所有信息。

Collapse：合并相同的输出信息。

Clear on Play：当游戏开始播放时清除所有原来的输出信息。

Error Pause：当脚本程序出现错误时游戏运行暂停。

2.2.6　Inspector 组件参数窗口

Inspector 视图—标题栏

使用 Unity3D 创作游戏时，游戏的场景都是由游戏对象组成，游戏对象的属性和行为是由其添加到该游戏对象上的组件来决定的。在 Unity3D 中，提供了一个添加组件和修改组件参数的图形面板，该窗口便是 Inspector 组件参数编辑窗口，当选择某个游戏对象时，在 Inspector 窗口里便会显示出已经添加到该游戏对象的组件和这些组件的属性。接下来介绍该窗口中所显示的游戏对象中几个固定的属性和组件，如图 2-31 所示。

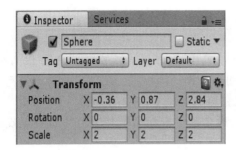

图 2-31　固定属性面板

图 2-32　图标设置

：图标设置。用于标记不同的对象，可以根据自己的需要进行修改，点击该图标会出现一个面板，如图 2-32 所示，该面板可以修改不同的图标形状和图标的颜色，当点击"Other…"按钮时，会出现一个贴图列表面板，可以通过选择自定义贴图来修改该图标。如图 2-33 所示，给场景中的立方体和球添加第一个图标。

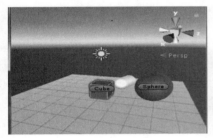

图 2-33　添加图标

图 2-34　注销游戏对象

：激活单选按钮，该按钮可以用于控制游戏对象在游戏场景中是否被激活，当把这个"√"去掉之后，该物体便不会在场景中显示了，并且所有的组件也会失效，虽然该物体仍然保留在场景中，如图 2-34 所示，把场景中的球体注销掉，则球体在场景中隐藏起来了，此时 Project窗口中 Sphere 游戏对象变成灰色，表示该对象被注销了。

在激活单选按钮的后面是一个文本输入框，可以通过该输入框修改游戏对象的名字，也可以在 Hierarchy 窗口中选择对象，按下键盘上的[F2]键来修改，如图 2-35 所示，把球体改名为 MySphere。

图 2-35　更名游戏对象

：状态按钮，该按钮用于是否把该游戏对象设置成静态物体，对场景中一些静态的对象，可以把此状态按钮勾选上，一方面可以在一定程度上减少游戏渲染工作量，另一方面如果要对该场景中的游戏对象进行光照贴图烘焙、寻路数据烘焙等也要把该物体设置成静态物体。

Tag：标签设置，为对象加上有意义的标签名称，标签的主要作用是为游戏对象添加一个索引，这样可以为在脚本程序中使用标签寻找场景中添加了该标签的对象提供方便。在 Unity3D 游戏场景当中，可以为多个游戏对象添加一个相同的标签，在以后的脚本编写时，可以直接寻找该标签，便能够找到使用该标签的所有游戏对象了。

Layer：层结构，可以设置游戏对象的层，然后令摄像机只显示某层上的对象。或者通过设置层，让物理模拟引擎只对某一层起作用。

Transform：变换组件，该组件是所有游戏对象都具有的组件，即使该游戏对象是一个空的游戏对象。该组件负责设置该游戏对象在游戏场景中的 Position（位置），Rotation（旋转角度）和 Scale（缩放比例）。如果想精确地设置某个游戏对象的变换属性时，可以直接在这个组件中修改对应的参数。当一个游戏对象没有父物体时，这些参数是相对于世界坐标系的；如果它具有父物体，那么这些参数是相对于父物体的局部坐标系的。

2.3　本章小结

通过本章的学习，可以了解 Unity3D 的菜单功能、各种编辑窗口的作用以及用法，熟练掌握 Unity3D 的面板布局，可以使得开发者的开发工作更加高效。

第 3 章　光影效果

游戏开发过程中可以使用复杂的光影效果来增强场景的真实性与美感。本章主要介绍 Unity 游戏开发引擎中光照系统的使用，其中包括各种形式的光源、法线贴图以及光照烘焙等技术。在 Unity 5.6 中对光照进行了大幅度的升级，能够实现的效果也更加真实。

3.1　光照

在 3D 游戏和虚拟现实中，光源是一个非常具有特色的游戏组件，用来提升游戏和虚拟现实画面质感。另外，灯光可以用来模拟太阳、燃烧的火柴、手电筒、枪火光或爆炸等效果。如果没有加入光源，游戏和虚拟现实场景可能就会显得很昏暗。

在 Unit3D 引擎中内置了四种形式的光源，分别为点光源、方向光、聚光灯和区域光。在 Hierarchy 视图中单击"Create"→"Light"即可查看到这四种不同形式的光源，单击即可添加光源，如图 3-1 所示。

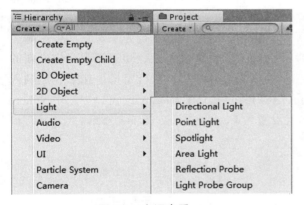

图 3-1　光源查看

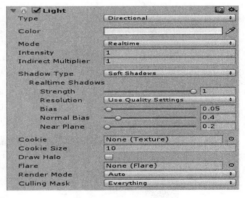

图 3-2　平行光属性面板

3.1.1　平行光

平行光是由光源发射出相互平行的光，可以把整个场景都照亮，可以认为平行光就是整个场景的主光源，一般用于模拟太阳光，并从无限远处投射光线到场景中，很适用于户外的照明。

Unity 5.X 新建工程的时候默认创建了一个平行光（Directional Light）对象。选择该平行光，在 Inspector 窗口中显示它的组件属性，如图 3-2 所示，其属性列表如

平行光

表 3-1 所示。

表 3-1　平行光属性列表

属性	功能
Type	光源类型，可以在四种形式的光源之间进行切换
Color	光线的颜色
Mode	光照模式，实时、烘焙或混合
Intensity	光照强度
Indirect Multiplier	用来指定场景中 diffuse 环境光的亮度
Shadow Type	设置阴影模式（没有阴影、硬阴影、软阴影）
Cookie	灯光遮罩，为光源设置带有 alpha 通道的纹理贴图，使其在不同的位置具有不同的亮度（点光源需要放置立方体图纹理 Cubemap）
Cookie Size	灯光遮罩的纹理图大小
Draw Halo	是否启用光晕
Flare	设置光照耀斑效果
Render Mode	设置光照的渲染模式，Auto 模式为自动调节模式，Important 模式是将像素逐个渲染，Not Important 模式是总以最快的方式进行渲染
Culling Mask	剔除遮罩，只有其中被选中的层所关联的对象才能够受到光照的影响

下面我们讲解平行光基础知识。

（1）打开 LightDemo 工程，打开场景 Directional Light。

（2）移动平行光 Directional Light，会发现场景的光照效果并没有变化，当旋转灯光角度的时候，场景的光线角度也随之变化。可以看出，平行光对场景的影响只与平行光的角度有关而与平行光的位置无关。

（3）给场景中的球体添加遮罩层，使得平行光照射不到它，即平行光不对它产生影响。点击属性面板的"Layer"按钮，可以在下拉列表中任选一个内置的层，也可以自己定义新的层，点击"Add Layer…"，前 7 层是内置的，从第 8 层起用户可以自行定义，在第 8 层输入 Enemy，如图 3-3 所示。这是在 Layer 层中多了一个 Enemy 层，在 Hierarchy 窗口中选中 Sphere 对象，点击"Layer"→"Enemy"，这时球体就设置为 Enemy 层，如图 3-4 所示。

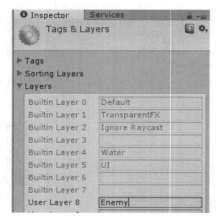

图 3-3　添加新层

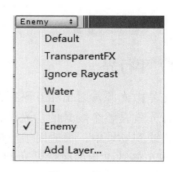

图 3-4　设置层

（4）为平行光剔除遮罩，在 Culling Mask 的下拉列表中取消 Enemy 层的勾选（见图 3-5），那么 Enemy 层所关联的对象就不受光照的影响，（见图 3-6），球体没有接受平行光照射变暗了，同时球体地上的阴影也没有了。

图 3-5　剔除遮罩

图 3-6　光照效果

（5）为平行光设置纹理贴图。点击 Cookie 右边的 ⊙ 按钮，选择 Unity 这张图，那么平行光就带有纹理了，图 3-7 和图 3-8 所示为将 Cookie Size 分别设置为 3 和 10 的不同效果图。

图 3-7　使用 Cookie Size=3 效果

图 3-8　使用 Cookie Size=10 效果

3.1.2　点光源、聚光灯光源和区域光源

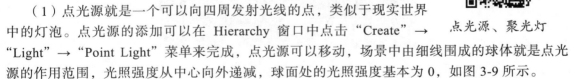

点光源、聚光灯

本小节介绍三种光源，分别为点光源、聚光灯光源和区域光源。

（1）点光源就是一个可以向四周发射光线的点，类似于现实世界中的灯泡。点光源的添加可以在 Hierarchy 窗口中点击"Create"→"Light"→"Point Light"菜单来完成，点光源可以移动，场景中由细线围成的球体就是点光源的作用范围，光照强度从中心向外递减，球面处的光照强度基本为 0，如图 3-9 所示。

（2）聚光灯光源的照明范围为一个锥体，类似于聚光灯发射出来的光线，并不会像点光源一样向四周发射光线。聚光灯光源的添加可以在 Hierarchy 窗口中点击"Create"→"Light"→"Spot Light"菜单来完成，聚光灯光源可以移动，场景中由细线围成的锥体就是聚光灯光源的作用范围，光照强度从椎体顶部向下递减，椎体底部的光照强度基本为 0。聚光灯同样也可以带有光罩纹理图，这样可以很好地创建光芒透过窗户的效果。其 Light 组件的属性与平行光属性相似，不同之处在于使用 Range 属性控制灯光的照射范围，使用 Sport Angle 属性控制锥体辐射范围，如图 3-10 所示为聚光灯光照效果。

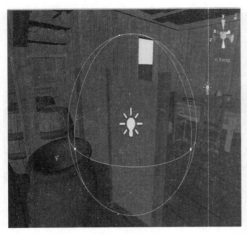

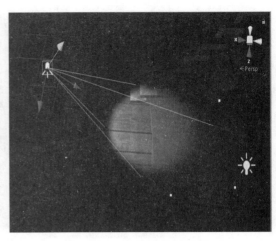

图 3-9　点光源　　　　　　　　　　　　图 3-10　聚光灯效果图

（3）区域光在空间中以一个矩形展现，光从矩形一侧照向另一侧的过程中会衰减。因为区域光非常占用 CPU，所以是唯一必须提前烘焙的光源类型。区域光适合用来模拟街灯，它可以从不同角度照射物体，所以明暗变化更柔和。区域光源的添加可以在 Hierarchy 窗口中点击"Create"→"Light"→"Area Light"菜单来完成，即可在当前场景中创建一个区域光光源，图片中由细线围成的矩形区域就是发光区域，可以通过拖拽上面的节点来改变区域光光源发光区域的大小，如图 3-11 所示。在它的 Inspector 面板中也可以修改 Width 和 Height 参数来修改区域大小（为了实现区域光的照明效果，这里使用了烘焙技术，光照烘焙技术在后面的内容进行详细的讲解）。区域光光源无法实现 Cookie 效果，在属性面板中可以看到区域光的具体属性，具体参数如表 3-2 所示。

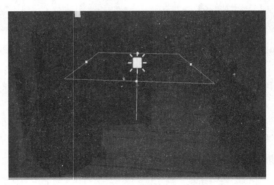

图 3-11　区域光照明效果

表 3-2　区域光属性列表

属性	功能
Type	光源类型，可以在四种形式的光源之间进行切换
Width	设置区域光范围的宽度，默认值为 1
Height	设置区域光范围的高度，默认值为 1
Color	光线的颜色
Intensity	光照强度

属性	功能
Indirect Multiplier	用来指定场景中 diffuse 环境光的亮度
Draw Halo	是否启用光晕
Flare	设置光照耀斑效果
Render Mode	设置光照的渲染模式，Auto 模式为自动调节模式，Important 模式是将像素逐个渲染，Not Important 模式是总以最快的方式进行渲染
Culling Mask	剔除遮罩，只有其中被选中的层所关联的对象能够受到光照的影响

下面讲解使用光源创建夜晚场景。

（1）打开工程 LightDemo，双击场景 House On Night。

（2）在 Hierarchy 窗口中，右击"Create Empty"创建一个空文件夹 Table1，并重置它的 Transform 组件，点击 Transform 组件右边的 ✿ 按钮，点击"Reset"放置于世界的原点，如图 3-12 所示。

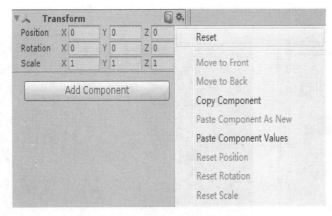

图 3-12　重置 Transform 组件

（3）将 Project 窗口中 FBX 文件夹下相应的游戏对象模型拖到 Scene 窗口中，调整好各自的位置，并在 Hierarchy 窗口中作为 Table1 的子物体，此时 Table1 起到容器的作用，如图 3-13 所示，效果如图 3-14 所示。

图 3-13　Table1 容器

图 3-14　Table1 效果图

（4）用同样的方法摆放场景中的 Table2，如图 3-15 和图 3-16 所示。

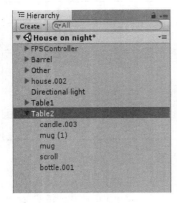

图 3-15　Table2 容器

图 3-16　Table2 效果图

（5）接下来制造夜色效果。选择平行光，在 Inspector 窗口中点击 Color 属性后的颜色属性，会弹出一个调色板，把太阳光设置成灰色，如图 3-17 所示。

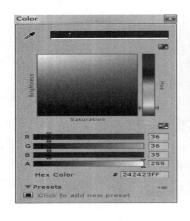

图 3-17　调色板

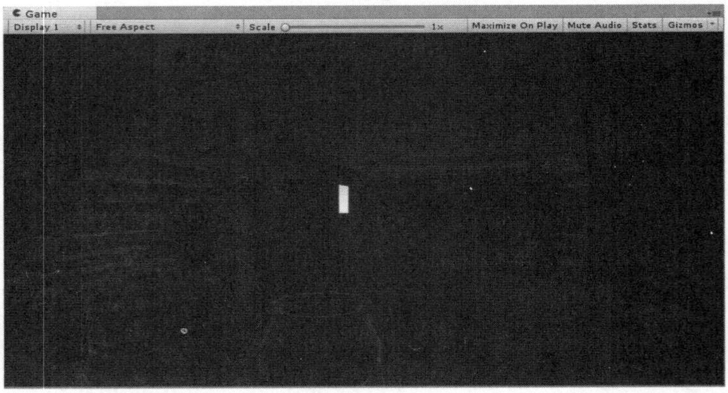

图 3-18　调整灯光强度

（4）在 Inspector 属性中设置灯光的强度 Intensity 为 0.4，在调整的过程中用户可以实时地在 Scene 窗口中看到效果，如图 3-18 所示。

（5）由 Game 视图可以看出，当前的场景仍然很亮，那是天空盒的光在起作用，这时候把天空盒换成夜景的。首先，双击 sky5x.unitypackage 天空盒资源包，将天空盒资源导入工程中。

（6）点击菜单栏"Window"→"Lighting"→"Settings"，点击 Skybox Material 右边的 图标，如图 3-19 所示。弹出材质选择窗口，如图 3-20 所示，双击选择 sky5×5 夜景天空盒。如果天空盒没有显示，可以点击 Scene 窗口中的效果显示按钮，夜色场景如图 3-21 所示。

（7）接下来给场景中的蜡烛添加点光源。右击 Hierarchy 窗口 Table1 文件夹下的"candle"→"Light"→"Point Light"，适当调整点光源的位置和属性，效果如图 3-22 所示。用同样的方法给 Table2 文件夹下的"candle"添加点光源，效果如图 3-23 所示。还可以根据自己的喜好在过道处添加聚光灯光源，效果如图 3-24 所示。

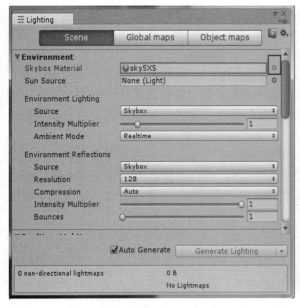

图 3-19　场景光设置

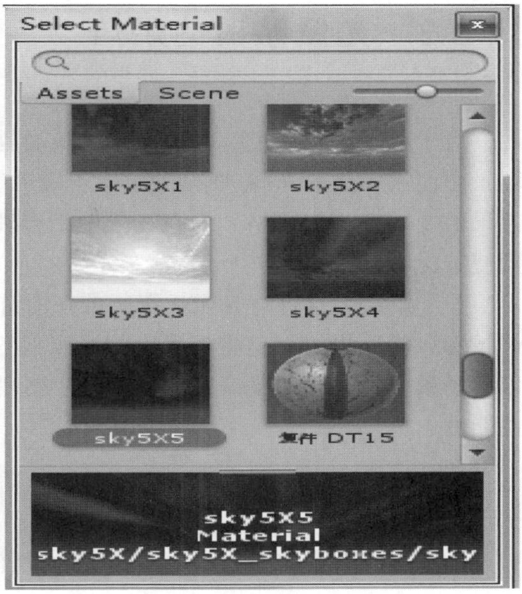

图 3-20　添加夜空天空盒

图 3-21　夜景图

图 3-22　蜡烛效果图 1

图 3-23　蜡烛效果图 2

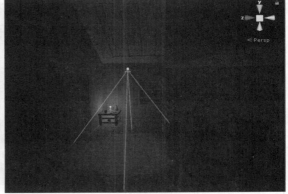

图 3-24　过道效果图

（8）按[Ctrl+S]保存场景 House On Night。

3.2 光照贴图的烘焙

对于一款游戏来说，光照效果的重要性是毋庸置疑的。所以在游戏制作的过程中，会在场景中使用大量的光源进行照明，尤其是在大型的 3D 游戏之中为了追求场景的真实性对光影效果的要求会更加严格。而在场景中不合理地添加大量的光源进行照明，则会引起游戏的卡顿使其无法正常运行。

为了解决大量进行光照运算所带来的游戏卡顿的问题，Unity 游戏开发引擎提供了光照烘焙技术，光照烘焙就是将场景中的光照信息渲染成贴图，然后将烘焙完成后生成的贴图再应用到场景中，此时光照信息已经存储在纹理贴图中，不再需要 CPU 进行计算，能大幅度提高性能。

3.2.1 光照设置

Unity5 版本中将所有与光照相关的设置都集成在了 Light 窗口中，单击菜单栏"Window" → "Lighting" → "Settings"打开 Light 窗口。Light 窗口中分三个版块来控制 Unity 游戏开发引擎中跟光照相关的参数，下面将对这三个版块中的参数进行详细介绍。

1. Scene 版块

Scene 版块中的参数很多，也是最重要的一部分，这一块的参数直接负责控制整体场景中的光照效果。全局光照与光照烘焙的相关参数都需要在这里进行修改，下面将对这一版块中各个部分的参数分别进行详细介绍。

1) Environment（环境光照）

在这一版块中开发人员可以在其中设置当前游戏场景中的天空盒、太阳光等参数。其中参数的主要功能是调节场景中光的来源、光照强度、反射强度和反射范围等，该面板中参数的详细信息如表 3-3 所示。

表 3-3　环境光照相关参数

属性	功能
Environment	
Skybox Material	场景中使用的天空盒
Sun Source	当使用天空盒时，可在此设置代表太阳的平行光。如果设置为 None，则假定场景中最亮的平行光代表太阳
Environment Lighting	
Source	环境光源
Intensity Multiplier	用来指定场景中 diffuse 环境光的亮度
Ambient Mode	指定环境光的全局关照模式是实时光照还是烘焙
Environment Reflections	
Source	反射源头，使用天空盒或是一个自定义的 Cubemap 立方纹理图。如果不需要反射，选自定义 Cubemap 但不赋值，这样就不会有反射探针
Resolution	Cubemap 分辨率

属性	功能
Compression	是否需要压缩反射探针
Intensity Multiplier	在反射物上反射源（天空盒或自定义 Cubemap）的可见程度
Bounces	反弹反射。在场景中用反射探针捕捉该反射，该值决定了反射探针所检测物体之间的来回反射反弹次数，如果是 1 则只有初始反射

2）Realtime Lighting（实时光设置）

Realtime Global Illumination：是否开启实时全景光照。

3）Mixed Lighting（混合灯光）

其参数信息如表 3-4 所示。

表 3-4　混合灯光相关参数

属性	功能
BakedGlobal Illumination	是否采用烘焙的全局光照
Lighting Mode	决定混合灯光和 Game Object 的阴影，修改了 Light Mode 需要重新烘焙
Realtime Shadow Color	实时阴影的颜色

4）Lightmapping Settings（光照贴图设置）

其参数信息如表 3-5 所示。

表 3-5　光照贴图设置参数

属性	功能
Lightmapper	使用此选项指定要使用哪个内部照明计算软件来计算场景中的光照贴图
Indirect Resolution	使用此值指定用于间接照明计算的每个单元的纹理元素数，增加此值可提高间接光的视觉质量，但也会增加烘烤光照贴图所需的时间，默认值是 2
Lightmap Resolution	使用此值指定用于光照贴图的每个单位的纹理像素数，增加此值可提高光照贴图质量，但也会增加烘焙时间，默认值是 40
Lightmap Padding	使用此值可指定烘焙光照贴图中不同形状之间的分隔（以 texel 为单位），默认值是 2
Lightmap Size	光照贴图大小
Compress Lightmaps	压缩的光照贴图需要较少的存储空间，但压缩过程会将不需要的视觉效果引入到纹理中。选中此复选框可压缩光照贴图，或取消选中它以保持其未压缩状态，该复选框默认打勾
Ambient Occlusion	允许控制环境遮挡中表面的相对亮度，较高的值表示遮挡区和全亮区之间的较大对比度，这仅适用于由 GI 系统计算的间接照明
Final Gather	启用最终聚集时，GI 计算中的最终光线反射将以与烘焙光照贴图相同的分辨率进行计算。这提高了光照贴图的视觉质量，但是以编辑器中额外的烘焙时间为代价。需要更长的烘焙时间，但是效果好，最后效果需要开启，预览阶段关闭
Directional Mode	设置光照贴图来存储关于物体表面上每个点处主导入射光的信息
Indirect Intensity	控制实时存储的间接光照和烘焙光照贴图的亮度，亮度值为 0~5。大于 1 的值会增加间接光的强度，而小于 1 的值会降低间接光的强度，默认值是 1
Albedo Boost	控制通过强化场景中材质的反照率来控制表面之间反射的光量，数值介于 1 和 10 之间。增加此值可将反射率值绘制为白色以进行间接光线计算，默认值 1，是标准的物理性质

5）Other Settings（其他设置）

其参数信息如表 3-6 所示。

表 3-6　其他设置参数

属性	功能
Fog	雾效
Halo Texture	设置想要用于在灯光周围绘制光晕的纹理
Halo Strength	定义灯光周围晕圈的可见度，0～1
Flare Fade Speed	定义最初出现后镜头光斑从视野中消失的时间（以秒为单位），默认设置为 3
Flare Strength	定义灯光镜头耀斑的可见性，0～1
Spot Cookie	设置想要用于投射灯的 Cookie 纹理

6）Debug Setting（调试设置）

Auto Generate：自动调试。

烘焙生成按钮，有三个选项，Generate Lighting：烘焙光照贴图；Bake Reflection Probe：烘焙反射探头；Clear Baked Data：清除烘焙数据。

2. Global maps 版块

显示所有 lightmap 文件生成的 GI 照明过程。使用全局地图选项卡查看照明系统正在使用的实际纹理。这些包括强度光照贴图、阴影遮罩和方向性贴图。这仅适用于使用烘焙照明或混合照明的情况，预览对于实时照明是空白的。

3. Object maps 版块

预览当前选中的 GameObject 的 GI lightmap 纹理（包括阴影遮罩）。使用对象贴图选项卡仅查看当前选定的游戏对象的已烘焙贴图的预览，包括遮罩。

3.2.2　光照烘焙

下面通过一个简单的例子来说明如何使用烘焙技术。

（1）打开工程 BakeDemo，打开 Bake-Start 场景，在这个场景中，预先提供了一些用于测试的模型和预设的光源，如图 3-25 所示。

光照烘焙

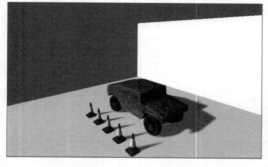

图 3-25　Bake-Start 场景图

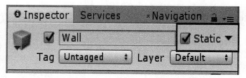

图 3-26　设置静态

（2）选择场景中不会动的模型 Wall 和 Bar，在 Inspector 窗口右上方选中 Static 选项，表示这些模型是静态模型，被选中的这个选项模型才能参与烘焙。

（3）创建一个 Spot Light 置于场景左上方向下照射，设置为 Bake 模式，并使用阴影，如图 3-27 所示。再创建一个 Area Light 置于场景中，适当地调整光源参数使其达到满意效果，如图 3-28 所示。

图 3-27　聚光灯源参数设置

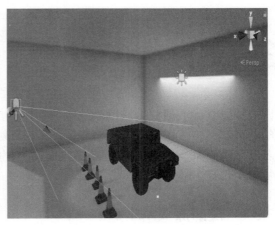

图 3-28　设置光源

（4）在菜单栏选择"Window"→"Lighting"→"Settings"，点击取消"Auto Generate"，点击"Generate Lighting"进行场景的烘焙，如图 3-29 所示。在 Unity 的右下角可以看到烘焙的进程情况，如图 3-30 所示。等待烘焙完成，Project 窗口就多了一个文件夹用于存放场景烘焙的贴图，如图 3-31 所示。

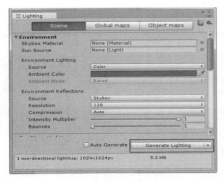

图 3-29　烘焙设置

图 3-30　烘焙进程

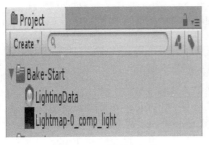

图 3-31　烘焙贴图

图 3-32　移动游戏对象

（5）烘焙后，移动场景中的两个障碍物对象，会发现地上的阴影没有跟着变化，那是因为场景保存了烘焙的贴图。如果场景中静态物体发生了变化，要更新阴影就要重新烘焙。但是如果移动动态的物体汽车 Car，会发现车的阴影会跟着变化，因为 Car 对象没有设置为静态 Static，不参与场景的烘焙，如图 3-32 所示。

（6）配合[Ctrl+Shift+S]另存场景为 Bake-Finish。

3.3 反射探头

反射探头

游戏中，常常会遇到带有镜面效果的物体，其表面能够呈现出其所处环境中的场景，比如豪华的跑车、镜子和玻璃球等，都需要实现反射镜面效果。"Reflection Probe"功能通过场景中若干个反射采样点来生成反射"Cubemap"，然后通过特定的着色器从"Cubemap"中采样，从而实现反射效果。

3.3.1 反射探头基本知识

反射探头的好处是其能够捕捉所在位置各个方向的环境视图，将所捕获的图像储存为一个立方体纹理（Cubemap）。这样物体会根据其所处的探头的位置产生真实的反射效果。

创建反射探头的方式为，单击 Hirearchy 窗口"Create"→"Light"→"Reflection Probe"，即可在场景中创建出一个反射探头，场景中出现的黄色边框就是该反射探头的反射范围，只有在框内的物体才会被呈现，参数的详细信息如表 3-7 所示。

表 3-7 Reflection Probe 组件参数信息

属性	功能
Type	设置反射探头的类型（有 baked、custom 和 realtime 三种类型）。烘焙模式类似于光照烘焙，当反射探头的位置和反射范围设定完成后，将其反射信息烘焙到 Cubemap（立方图）中，这样物体上的反射效果将会固定为烘焙时的反射探头所捕捉到的环境视图。即使场景中的物体被删除，但是它依旧会出现在反射的场景中，这样做会减少很多性能消耗
Dynamic Object（custom 类型的参数）	将场景中没有标识为 Static 的对象烘焙到反射纹理中
Cubemap	（custom 类型的参数）烘焙出来的立方体纹理图。开发人员可以为该反射探头指定 Cubemap（立方图）。也就是说，当前处于 A 地区的反射探头捕捉的环境视图可以替换为在 B 地区的反射探头所捕捉到的环境视图
Refresh Mode（realtime 类型的参数）	刷新模式，可以选 On Awake：只在唤醒时刷新一次；Every Frame：每帧刷新；Via Scripting：由脚本控制刷新
Time Slicing（realtime 类型的参数）	反射画面刷新频率。All faces at once：9 帧完成一次刷新（性能消耗中）；Individual Paces：14 帧完成一次刷新（性能消耗低）；No time slicing：一帧完成一次刷新（性能消耗最高）
Importance	权重。影响一个物体同时处于多个 Probe 中时 Mesh Renderer 中多个 Probe 的 Weight。这时先会计算每个 Probe 的 Importance，然后再计算每个 Probe 与物体间分别交叉的体积大小，用于混合不同 Probe 的反射情况

属性	功能
Intensity	反射纹理的颜色亮度
Box Projection	若是勾选此项，Probe 的 Size 和 Origin 会影响反射贴图的映射方式
Size	该反射探头的区域大小，在该区域中的所有物体会应用反射（需要 Standard 着色器）
Probe Origin	反射探头的原点，会影响到捕捉到的 Cubemap
Resolution	生成的反射纹理的分辨率，分辨率越高，反射图片越清晰，但是更消耗资源
HDR	在生成的 Cubemap 中是否使用高动态范围图像（High Dynamic Range），这也会影响探头的数据储存位置
Shadow Distance	在反射图中的阴影距离，即超过该距离的阴影不会被反射
Clear Flags	设置反射图中的背景是天空盒（Skybox）或者是单一的颜色（Solid color）
Background	当 Clear Flags 设置为 Solid Color 时反射的背景颜色设置
Culling Mask	反射剔除，可以根据是否勾选对应的层来决定某层中的物体是否进行反射
Lise Occlusion Culling	烘焙时是否用遮挡剔除
Clipping Planes	反射剪裁平面。类似于摄像机剪裁平面，有 near、far 两个参数分别设置近平面和远平面

3.3.2　反射探头应用及材质球

前面介绍了反射探头的基础知识，下面将通过一个案例来演示反射探头的反射效果以及使用方法。

（1）首先打开 Unity 集成开发环境，新建一个工程并命名为"ReflectionProbeDemo"，进入工程后保存当前场景并命名为"ReflectionProbe"。

（2）接下来开始搭建场景，在 Project 窗口点击"Create"→"Folder"，输入文件名 Texture，将需要使用的纹理贴图导入到 Texture 文件夹中（可以直接拖拽到 Texture 文件夹中），然后在场中创建 Plane、Cube、Sphere、Cylinder 和 Capsule 五种几何体，将其摆放到合适的位置，如图 3-33 所示。

图 3-33　搭建场景

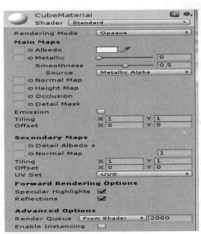

图 3-34　材质球属性面板

（3）接下来给 5 种几何图添加纹理贴图。在 Project 视图中鼠标右击 "Create" → "Material"。此时会在 Project 窗口新建一个材质球。选择这个材质球，在 Inspector 窗口中显示了该材质球的默认类型，如图 3-34 所示。下面详细介绍标准着色器的各个参数。

标准着色器中的第一个材质参数 Rendering Mode 是 "渲染模式"。这允许选择物体是否使用透明度；如果是，那么继续选择不同混合模式。

Opaque：这是默认选项，这种模式代表该着色器不支持透明通道。也就是说此时该标准着色器只能是完全不透明的（制作如石头、金属等材质时使用该模式）。

Cutout：允许创建一个透明效果，使在不透明区域和透明区域之间有鲜明界线。在这个模式下，没有半透明区域，纹理要么是 100% 不透明，要么不可见。图片内容是否透明由 Albedo 中的 Alpha 值和 Alpha Cutoff 决定（这种模式下的着色器适合制作石子、草等带有透明通道的图片却又不希望出现半透明的材质）。

Transparent：这种模式下的材质可以通过 Albedo 中 Color 的 Alpha 值来调整其透明度，但不同的是，当物体变为半透明的时候，其表面的高光和反射不会变淡（非常适合制作玻璃等具有光滑表明的半透明材质）。

Fade：褪色模式。该模式下可以通过操控 Albedo 的 Color 中的 Alpha 值来操作材质的透明度。Alpha 的设定可以制作出半透明的效果。但是该模式并不适合制作类似玻璃等半透明材质，因 Alpha 值减低时，其表面高光、反射等效果也会跟着变淡（比较适合制作物体渐渐淡出的动画效果）。

Albedo：该参数控制了表面的基本色。为 Albedo 值指定单个颜色有时候很有用，但通常的情形是为 Albedo 参数分配一个纹理贴图，这应当代表了物体表面的颜色。点击 Albedo 旁边的 ⊙ 按钮，选择 square 这张图，这时材质球就赋予了纹理贴图，把这个材质球直接拖到场景视图中的 Cube 对象，这时 Cube 几何图就添加上了纹理贴图。用同样的方法给其他的几何图形赋予不同的纹理贴图，效果如图 3-35 所示。

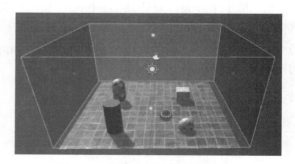

图 3-35　添加材质　　　　　　　　　　图 3-36　调整反射探头的捕捉区域

Metallic：金属性，值越高，反射效果越明显，颜色可以自行设置。

Smoothness：此值影响计算反射时表面光滑程度，值越高，反射效果越清晰。

Normal Map：法线贴图。

Height Map：高度图，通常是灰度图。

Occlusion：环境遮盖贴图。

Emission：自发光属性，开启后该材质在场景中类似一个光源，可以调节其 BakedGI 模式。

Detail Mask：细节遮罩贴图。当某些地方不需要细节图可以使用遮罩图来进行设置，如嘴唇部分不需要毛孔可用此图。

　　Tiling：调整贴图的 X 和 Y 方向上的重复次数，对于无缝贴图非常适用。

　　Offset：调整贴图的偏移量。

　　Secondary Maps：细节贴图。

　　（4）在 Project 窗口，单击"Create"→"Light"→"Reflection Probe"创建一个反射探头，并将其放置在场景的中间位置。点击属性窗口的 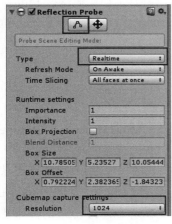 按钮，此时在 Scene 窗口中点击立方体的黄色小方块可以调整反射探头的捕捉区域，如图 3-36 所示。为了使反射效果更突出，将反射探头设置面板中的 Resolution 分辨率设置为 1024×1024，并使用实时模式，如图 3-37 所示。

图 3-37　设置反射探头参数

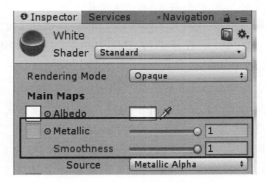

图 3-38　调节材质编辑器

　　（5）接下来向场景中添加用于呈现反射效果的球体，在场景中新建一个球体，调节其位置和大小使其能够将反射探头包含在内，然后为其添加一张纯色的纹理贴图，案例中使用的是白色纹理。在其 Inspector 面板的材质编辑器中将 Metallic 和 Smoothness 均调节为 1。使其反射效果更好，如图 3-38 所示。

　　（6）完成后应该就能够看到反射探头所产生的效果已经应用到了这个球体之上，因为在该球体的 Mesh Renderer（网格渲染器）中已经将当前场景中的反射探头绑定到了该球体上（Unity 中添加材质实际上就是更改指定对象 Mesh Render 组件中的 Materials 的属性），如图 3-39 所示，最终效果图如图 3-40 所示。

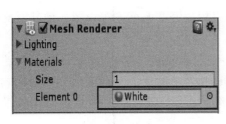

图 3-39　设置网格渲染器

图 3-40　反射探头效果图

　　（7）配合[Ctrl+S]，保存场景 Reflection Probe。

3.4　Light Probe Group

　　光照烘焙技术虽然可以使静态场景拥有无与伦比的光影效果，但它无法影响到场景中动态的模型，这可能会导致出现这样的情况，场景中的静态模型看起来非常真实，但那些运动中的模型，比如角色，相比较会显得非常不真实并与场景中的光线无法融合在一起。

　　Unity 提供了一个叫作 Light Probe Group 的功能，可以很好地解决上述问题。Light Probe Group 可以将场景中的光影信息存储在不同的 Probe 中，用户需要手动摆放这些 Probe 的位置，光影信息越是丰富的地方就越需要更多的 Probe，它们将对场景中 Lightmap 的光影信息进行采样，场景中运动的模型将参考这些 Probe 的位置模拟出与静态场景类似的光影效果。

　　下面将继续前面完成的工程，为场景添加 Light Probe Group 功能。

　　（1）Unity 中打开工程 BakeDemo，打开 Bake-Finish 场景，将其另存为一个新的场景 Bake-Light Probe。

　　（2）在 Project 窗口点击"Create"→"Light"→"Light Probe Group"，在 Inspector 窗口口找到 Light Probe Group 组件，点击 🎵 按钮进行编辑。选择 Add Probe 创建一个 Probe，也可以选择"Select ALL"→"Duplicate Selected"即复制所有的探头 Probe，将其摆放在场景中形成网络采集光影信息，如图 3-41 所示。每个 Light Probe 都会消耗一定的内存，在实际项目中，应当根据场景中不同位置的重要程度和光影变化程度决定 Light Probe 的分布密度。

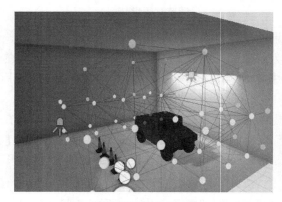 

图 3-41　摆放 Probe　　　　　　　　　　图 3-42　Light Probe Group 效果图

　　（3）为了使 Light Probe Group 效果更明显，可以根据需要改变光源设置，使其对比度更强烈一些，确保场景中的光源都设置为 Bake 模式。

　　（4）重新烘焙场景，"Window"→"Lighting"→"Settings"→"Generate Lighting"。场景中所有的光源都是 Bake 模式，这样场景中的汽车模型将不会受到任何实时光照的影响。尽管如此，将其移动到场景中的不同位置，它还是会像使用了 Lightmap 一样产生了与场景近似的光影效果，如图 3-42 所示。

　　（5）配合[Ctrl+S]保存场景。

3.5 本章小结

　　本章介绍了 Unity3D 中平行光、点光源和聚光灯三种基本灯光的创建和对应参数的含义，介绍了光照烘焙以及探头的使用方法。每种光源的用途各有差别，平行光一般用于模拟户外光线，例如太阳光和月光；点光源用于模拟向四面八方发射光线的灯光，例如灯泡；聚光灯用于模拟聚光灯的效果。

第 4 章 地形系统

三维游戏世界大多能给人以沉浸感。在三维游戏世界中，通常会将很多丰富多彩的游戏元素融合在一起，比如游戏中起伏的地形、郁郁葱葱的树木、蔚蓝的天空、飘浮在天空中的云朵、凶恶的猛兽等，让玩家身临其境地置身于游戏世界。地形作为游戏场景中必不可少的元素，作用非常重要。Unity3D 有一套功能强大的地形编辑器，支持以笔刷方式精细地雕刻出山脉、峡谷、平原、盆地等地形，同时还包含了材质纹理、动植物等功能，可以让开发者实现游戏中任何复杂的游戏地形。

4.1 创建地形

4.1.1 用 Unity3D 地形系统创建地形

（1）打开 Unity3D，新建一个工程 TerrainDemo，保存新场景为 Terrain1。

（2）点击 Project 窗口 "Create" → "3D Object" → "Terrain"，此时会在场景编辑窗口中看到，已经生成一个地形平面，这是平面式地形系统默认使用的基本原型，同时在 Project 中也生成了一个地形资源，该地形资源跟场景中的地形相关联，如图 4-1 所示。

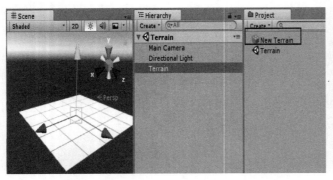

图 4-1　初始地形　　　　　　　　　　　　图 4-2　地形编辑面板

（3）在 Hierarchy 窗口中选择 Terrain，此时会在 Inspector 窗口中看到，除了 Transform 组件之外，还包括了 Terrain 组件和 Terrain Collider 组件，如图 4-2 所示。Terrain 组件负责地形的基本功能，Terrain Collider 组件属于引擎方面的组件，实现地形的物理模拟计算。Terrain Collider 相关参数如下：

Material：地形的物理材质，可通过设置物理材质的相关参数分别开发出草地和戈壁滩的效果。

Terrain Date：地形数据参数，用于存储地形高度和其他重要的相关信息。

Enable Tree Collider：是否启用树木的碰撞检测。

（4）选择 Terrain 脚本组件中的最后一个按钮 ⚙，设置地形分辨率，地形的宽度 Terrain Width 设置为 200，地形长度 Terrain Length 设置为 200，地形高度 Terrain Height 设置为 60，如图 4-3 所示，其参数列表如表 4-1 所示。Unity3D 中一个单位相当于现实生活中的 1 m，引擎中很多都是基于这个单位来计算。

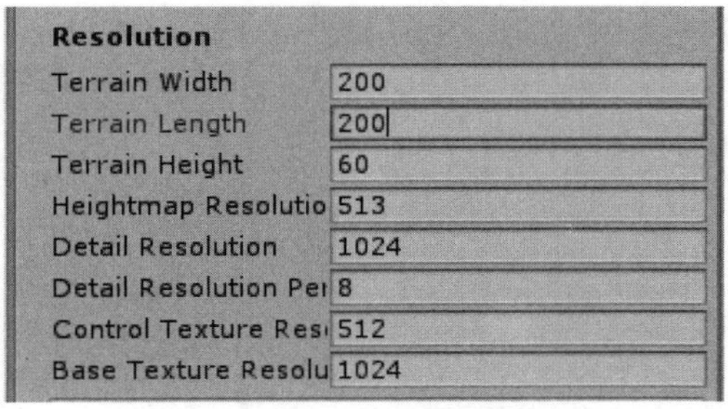

Resolution

Terrain Width	200
Terrain Length	200
Terrain Height	60
Heightmap Resolutio	513
Detail Resolution	1024
Detail Resolution Per	8
Control Texture Res	512
Base Texture Resolu	1024

图 4-3　地形分辨率设置

表 4-1　Resolution 参数列表

属性	功能
Terrain Width	全局地形总宽度，单位为米（m）
Terrain Length	全局地形总长度，单位为米（m）
Terrain Height	全局地形允许的最大高度，单位为米（m）
Heightmap Resolution	高度图分辨率，全局地形生成的高度图分辨率
Detail Resolution	细节分辨率，控制草地和细节模型的地图分辨率，考虑性能在不太多影响的情况下这个值越低越好
Detail Resolution Per Patch	每个地形面片上细节分辨率
Control Texture Resolution	控制纹理分辨率，把地形贴图绘制到地形上时所使用的贴图分辨率
Base Texture Resolution	基础纹理分辨率，远处地形贴图的分辨率

4.1.2　使用高度图创建地形

在 Unity3D 中编辑地形的另一种方法是通过导入一幅预先渲染好的灰度图来快速地为地形建模，地形上每个点的高度被表示为一个矩阵中的一列值。这个矩阵可以用一个被称为高度图（heightmap）的灰度图来表示。灰度图是一种使用二维图形来表示三维的高度变化的图片，地形高度图建议使用一张长宽相等，并且尺寸为"2^n+1"的灰度图，地形会根据该高度图的黑白灰色阶来决定地形的海拔，白色标示最高点，黑色表示最低点，灰色决定介于最低点和最高点之间的高度。通常可以用 Photoshop 或其他三维软件导出灰度图，灰度图的格式为 RAW 格式，Unity3D 可以支持 8 位和 16 位的灰度图。

高度图创建地形

Unity3D 中支持 RAW 格式的高度图导入，这个格式不包含诸如图像类型和大小信息的文件头，所以易被读取。RAW 格式相当于各种图片格式的"源文件"，它的转换是不可逆的。在 Photoshop 软件中可以使用滤镜功能制作高度图，接下来根据在 Photoshop 中制作好的高度图导入 Unity3D 系统，自动生成地形。

（1）打开工程 TerrainDemo，点击 Project 窗口"Create"→"Scene"新建一个场景，保存新场景为 Terrain2。

（2）点击 Project 窗口"Create"→"3D Object"→"Terrain"，创建一个新的地形（见图 4-4），设置其分辨率为 Width：200，Height：600，Length：200，点击 Inspector 窗口 Terrain 组件的"Import Raw..."按钮，打开文件浏览器，找到"terrain.raw"这张高度图并打开，此时会打开高度图的设置面板，如图 4-5 所示，其参数列表如表 4-2 所示。

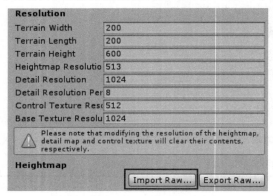

图 4-4　导入高度图　　　　　　　　　　图 4-5　高度图参数

表 4-2　高度图参数列表

属性	功能
Depth	色彩深度
Width	图片宽度（像素）
Height	图片高度（像素）
Byte Order	色彩数据格式
Terrain Size	地形的大小

（3）一般 Unity3D 会自动识别该高度图的信息，所以保持默认值即可，当然，如果用户保存的 Raw 格式是 Windows 格式的，必须先把 Byte Order 设置成 Windows，点击"Import"按钮，此时这张高度图已经作用于地形上了，如图 4-6 所示。

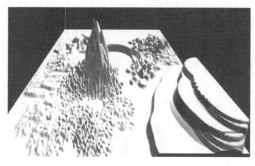

图 4-6　导入高度图地形效果

4.2　地形编辑

花草绘制

Unity3D 提供了一些工具，可以用来创建很多地表元素，游戏开发者可以通过地形编辑器来轻松实现地形以及植被的添加。地形菜单栏一共有 7 个按钮，含义分别为编辑地形高度、编辑地形特定高度、平滑过渡地形、地形贴图、添加树模型、添加草与网格模型以及其他设置，每个按钮都可以激活相应的子菜单来对地形进行操作和编辑，如图 4-7 所示。

图 4-7　地形编辑工具

4.2.1　地形高度绘制

（1）打开工程 TerrainDemo，打开场景 Terrain1，前面已经设置好了地形的分辨率。

地形高度绘制

（2）抬高地形。在 Terrain 的 Inspector 视图中，单击 Terrain 下的第二个按钮 Paint Height（绘制高度）按钮，可以设置地形某个区域的具体高度，被调整的局部地形高度值不会超过该值。通过修改 Paint Height 按钮的各项值，可以对地形进行局部的调整，实现地形在限定高度范围内上升或下降的效果，通过这个按钮也可以制作特定高度的地形，Paint Height 相关参数如表 4-3 所示。

表 4-3　Paint Height 参数列表

属性	功能
Brush Size	笔刷大小，笔刷的直径大小，单位为米
Opacity	笔刷的强度大小，值越大，地形变化的幅度越大，反之越小
Height	地形高度值，可以设定局部地形的高度值
Flatten	将整个地形的高度设置为指定的 Height 值，使得整个地形上升或者下降

将 Height（高度）设置为 10，同时单击"Flatten"，此时整个地形会向上抬高 10 个单位，以便画沟渠。

（3）Brushes 列表中选择大圆形笔刷样式，再将 Settings 下的 Brush Size（笔刷大小）设置为 90，Height（高度）设置为 15 并回车（此时不要单击"Flatten"按钮），如图 4-8 所示。将鼠标移动到 Scene 视图中的地形上，此时地形上出现一个蓝色的圆形区域，按住鼠标左键并拖动即可抬高地形高度。用同样的方法将 Height（高度）设置为 25 和 30 分别在地形中刷出高度，就可以模拟梯田的效果，如图 4-9 所示。

（4）绘制湖泊。在 Terrain 的 Inspector 视图中，单击 Terrain 左边第一个按钮工具（Raise/Lower Height）。当使用这个工具时，高度将随着鼠标在地形上扫过而升高；如果在一处固定鼠标，高度将逐渐增加。这类似于在图像编辑器中的喷雾器工具，如果鼠标操作时按下"Shift"键，高度将会降低，不同的刷子可以用来创建不同的效果。

选择 Brushes 下大圆形笔刷样式，然后将 Settings 的 Brush Size 设置为 100，最后在 Scene 视图中按住"Shift"键，即可降低地形高度，如图 4-10 所示。需要注意的是，在进行下凹地操作时，不能使地形水平面低于地形最小高度，也就是说创建地形的初始高度是地形的最低限制，之后的操作不能低于该高度。

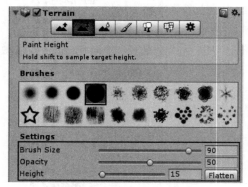

图 4-8　设置绘制地形高度

图 4-9　绘制地形高度

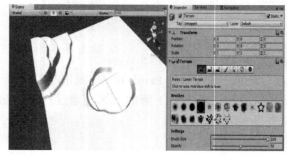

图 4-10　绘制湖泊

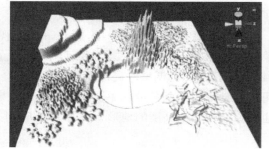

图 4-11　绘制山脉

（5）绘制地形的山脉。在 Terrain 的 Inspector 视图中，单击 Terrain 下的 ▲ 按钮，选择 Brushes 下的不同笔刷样式，设置不同的 Brush Size 大小，在 Scene 视图中单击或按住鼠标左键拖动绘制出不同的山脉和细节，如图 4-11 所示。

（6）平滑地形高度。在 Terrain 的 Inspector 视图中，单击 Terrain 第三个按钮 ▲ ，选择 Brushes 下圆形笔刷样式，在 Scene 视图中，按住鼠标左键拖动可以柔化地形的高度差，使得地形的起伏更加平滑，如图 4-12 所示。

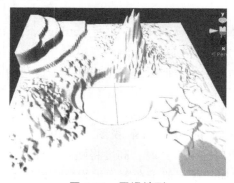

图 4-12　平滑地形

（7）按下[Ctrl+S]，保存场景。

4.2.2　地形纹理绘制

在地形系统的开发过程中，新建的地形马上就能在场景视图中看到，不过是灰白色的，专业术语称这种为"白模"，所以为地形添加合适的纹理图也是必不可少的，Unity 地形系统对此功能做了封装，开发者可以在地形的任意位置添加纹理图或者添加花草树木。

地形纹理绘制

（1）打开工程 TerrainDemo，打开场景 Terrain1。单击地形组件中第四个按钮 ✎（Paint Texture）按钮就可以为其地形添加纹理图，图片纹理以涂画的方式进行，将图片赋给画笔，画笔经过的地方将对应的纹理贴到地面上。

（2）右击 Project 视图，点击"Import Package"→"Environment"导入 Unity 引擎中的标准资源包。资源包导入完成之后，点击 Terrain 组件下的 ✎ 按钮（Paint Texture），点击"Edit Textures…"→"Add Texture"选项，在弹出的 Add Terrain Texture 对话框中，可以单击 Albedo（RGB）中 Texture2D 下的"Select"按钮，在弹出的 Select Texture2D 对话框中选择 GrassRockyAlbedo，最后单击 Add 按钮，如图 4-13 所示。为地形添加第一张纹理图的时候，这张纹理图会覆盖整个地形，还可以通过点击"Edit Textures…"→"Editor Texture"菜单，对选中的纹理图进行编辑。

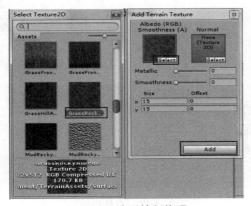

图 4-13　地形绘制纹理

（3）按照上一个步骤，继续添加 CliffAlbedoSpecular 纹理和 SimpleFoam 纹理，然后在 Textures 下选择该纹理，选择不同的刷子在地形山脉上绘制该纹理，如图 4-14 所示。

图 4-14　地形添加纹理效果图

4.2.3 树木绘制

Unity3D 中的地形支持使用笔刷放置树木。Unity3D 采用的植被渲染方法可以在一个地形上放置成千上万棵树而不影响渲染效率，这种方法的原理是当摄像机接近某棵树时，这棵树会以完整的 3D 模型方式显示，而那些离摄像机较远的树木会变成 2D 的"广告牌"（广告牌其实就是一个平面，这个平面会始终朝着摄像机的方向）。要使得放置的树木有上面的优化功能，这些树木需要使用 Unity 3D 的 Tree Creator 来创建。

树木绘制

（1）打开工程 TerrainDemo，打开场景 Terrain1。选择场景中的地形，在 Terrain 的 Inspector 视图中，单击 Terrain 下的 ▓ 按钮，然后单击"Edit Trees…"→"Add Tree"选项，在弹出的 Add Tree 对话框中单击 Tree 右侧的 ⊙ 按钮，在弹出的 Select GameObject 对话框中选择 Broadleaf_Desktop，最后在 Add Tree 对话框中单击"Add"按钮，Broadleaf_Desktop 就添加到了 Inspector 视图中，如图 4-15 所示。

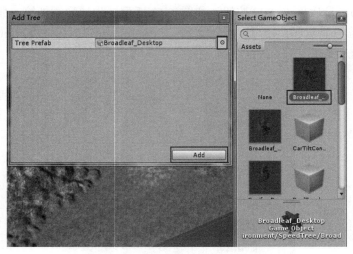

图 4-15　添加树木

（2）按照上一步骤，将名为 Palm_Desktop 和 Conifer_Desktop 的树木添加到 Inspector 视图中，选择树木资源，设置相应的参数，然后在 Scene 视图中的地形中单击即可种植树，如图 4-16 所示，相关的参数如表 4-4 所示。如果某个位置不需要放置树木，但是已经有植被了，可以配合 Shift+鼠标左键在这个区域点击，便可以取消该区域树木的放置。

表 4-4　树木绘制参数列表

属性	功能
Brush Size	笔刷大小，笔刷的直径大小，单位为米（m）
Tree Density	每次绘制树木的棵树
Random Tree Totation	是否随机设置树木的朝向
Tree Width	树的宽度，可指定唯一宽度也可以随机分布
Lock Width to Height	是否锁定树木的宽高比
Tree Height	树的高度，可指定唯一高度也可以随机分布

图 4-16　地形种树　　　　　　　　　　图 4-17　地形添加风域

（3）为地形添加风域。没有添加风域之前，点击游戏播放按钮，可以看到树木并没有随风摇摆的效果。在 Hierarchy 视图中，点击 "Create" → "3D Object" → "Wind Zone" 为场景添加一个风域，如图 4-17 所示。选择该风力图标，在 Inspector 视图中查看其参数，如图 4-18 所示，风域的属性列表如表 4-5 所示，值得注意的是，风域只能作用于树木，对其他游戏对象没有效果。

图 4-18　风域属性

表 4-5　风域属性列表

属性	功能
Mode	风域提供两种模式的区域，一种是球形（Sphere）区域，一种是平行（Directional）区域，球形区域风仅影响半径内，并从中心朝边缘衰减，平行区域风会影响整个场景的一个方向
Radius	如果模式设置为球形，可以设置该球形分区的半径
Main	主要风力，产生风压柔和变化
Turbulence	湍流风的力量，产生一个瞬息万变的风压
Magnitude	定义风力随时间的变化
Frequency	定义风向改变的频率

（4）点击运行游戏，会发现树随风摇摆，按下[Ctrl+S]，保存场景。

4.2.4　花草绘制

Unity3D 中的地形支持使用笔刷为地形放置花草，这些花草都是使用广告牌技术来实现的，也就是说每一株花草都是一个平面，而且这个平面会始终朝着摄像机的位置，同时为了节约渲染资源，距离摄像机较远的花草会被剔除掉。

（1）打开工程 TerrainDemo，打开场景 Terrain1。在 Terrain 的 Inspector 视图中，单击 Terrain

下的 按钮，然后单击 "Edit Details…" → "Add Grass Texture"，在弹出的 Add Grass Texture 对话框中，单击 Detail Texture 右侧的 按钮，在弹出的 Select Texture2D 对话框中选择 "GrassFrond02AI" → "BEDOalpha"，设置相应的参数，单击 "Add" 按钮就添加到了 Inspector 视图中，其参数列表如表 4-6 所示。

表 4-6　花草属性列表

属性	功能
Detail Texture	草的贴图
Noise Spread	草的噪波产生簇，值越低意味着噪波越低
Min Width	草的最小宽度值（米）
Max Width	草的最大宽度值（米）
Min Height	草的最小高度值（米）
Max Height	草的最大高度值（米）
Healthy Color	健康颜色的草，在噪波中心非常显著
Dry Color	干燥的草，在噪波边缘非常显著
Billboard	如果选中，草将随着摄像机一起转动，面朝主摄像机

（2）选择草资源，设置相应的参数，然后在 Scene 视图的地形中单击即可种花草，如图 4-19 所示。添加完花草之后，运行程序草会随风摆动，这里要注意的是摄像机不要距离放置花草的区域太远。按下[Ctrl+S]，保存场景。

图 4-19　种植花草

4.2.5　添加其他模型

除了为地形放置树木和花草之外，还可以为地形添加其他的细节模型，比如石头等。

（1）打开工程 TerrainDemo，打开场景 Terrain1。

（2）双击资源 Rock.unitypackage，把石头资源导入工程中。

（3）在 Terrain 的 Inspector 视图中，单击 Terrain 下的 按钮，然后单击 "Edit Details…" → "Add Detail Meshes"，选择 Rock 模型，添加细节模型的方法与添加花草的方法相同，这里就不再赘述。

（4）在 Edit Detail Mesh 面板中把 Render Mode 模式设置成 Vertex Lit（这样程序运行时候不会摆动），同时把 Healthy Color 和 Dry Color 设置成灰色，其他参数设置如图 4-20 所示，最后点击"Apply"。

图 4-20　石头模型参数设置

（5）选择石头资源，设置相应的参数，然后在 Scene 视图的地形中单击即可放置石头模型，效果如图 4-21 所示。按下[Ctrl+S]，保存场景。

图 4-21　添加石头模型

（6）点击地形编辑器设置按钮 ✿ ，可以对地形进行全局属性的设置，其参数如表 4-7 ~ 表 4-9 所示。

表 4-7　基本地形参数

属性	功能
Draw	绘制地形
Pixel Error	显示地形网格时允许的像素容差
Base Map Dist.	设置地形高度的分辨率
Cast Shadows	设置地形是否有投影
Material	为地形添加材质
Reflection Probes	反射探头
Thickness	物理引擎中该地形的可碰撞厚度

表 4-8 树和细节参数

属性	功能
Draw	设置是否渲染除地形以外的对象
Bake Light Probes For Trees	烘焙光照是否烘焙到树上
Detail Distance	设置摄像机停止对细节渲染的距离
Collect Detail Patches	进行细节补丁的收集
Tree Distance	设置摄像机停止对树进行渲染的距离
Billboard Start	设置摄像机将树渲染为广告牌的距离
Fade Length	控制所有数的总量上限
Max Mesh Trees	设置使用网格形式进行渲染的树木最大数值

表 4-9 风参数

属性	功能
Speed	风吹过草地的速度
Size	同一时间受到风影响的草的数量
Bending	设置草根随风弯曲的强度
Grass Tint	设置地形上所有草和细节网格的总体渲染颜色

4.3 环境特性

环境特性（动画）

Unity3D 游戏开发引擎内置了雾特效，并在标准资源包中添加了多种水特效，开发人员可以轻松地将其添加到场景中。

4.3.1 水特效

（1）打开工程 TerrainDemo，打开场景 Terrain1。

（2）前面已经导入了标准资源包 Environment。在 Project 视图，

水特效 雾特效

找到"Standard Assets"→"Environment"→"Water4"→"Prefabs"
文件夹，其中包含两种水特效的预制件，可将其直接拖动到场景的湖泊中，并适当调整水体的大小和位置，如图 4-22 所示。这两种水特效功能较为丰富，能够实现反射和折射效果。
"Water"→"Prefabs"文件夹下也包含两种基本水的预制件，基本水功能较为单一，没有反射、折射等功能。

（3）按下[Ctrl+S]，保存场景。

图 4-22　添加水特性

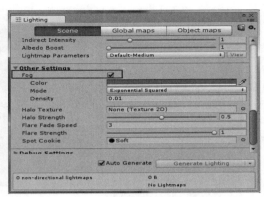

图 4-23　雾效设置

4.3.2　雾特效

Unity3D 集成开发环境中主要有三种模式，分别为 Linear（线性模式）、Exponential（指数模式）和 Exponential Squared（指数平方模式）。这三种模式的不同之处在于雾效的衰减方式。场景中雾效开启的方式是，执行菜单栏"Window"→"Lighting"→"Settings"，打开 Lighting 窗口（见图 4-23），在窗口中选中 Fog 复选框，开启雾效（如果雾效没有显示，可以点击 Scene 视图中的效果显示按钮 ），其参数如表 4-10 所示。

表 4-10　雾效参数

属性	功能
Color	雾的颜色
Mode	雾效模式
Density	雾效浓度，取值为 0~1

4.3.3　天空盒

在 Unity 的集成开发环境中可以使用天空盒来模拟真实的天空环境。可以把天空盒想象成一个将这个游戏场景包裹起来的盒子，而在盒子的内壁上贴上天空纹理图，模拟天空场景。天空盒的使用，在第 3 章使用光源创建夜晚场景的时候已经讲过，这里不再赘述。这里讲解

天空盒

六面天空盒的创建，六面天空盒在游戏开发中最为常用，其使用六张天空纹理图组成一个天空场景。

（1）打开工程 TerrainDemo，打开场景 Terrain1。

（2）将天空纹理图资源直接拖拽到 Project 视图中的 SkyTexture 文件夹，载入纹理图资源 Sky。

（3）创建一个材质球，即在 Project 视图中，点击"Create"→"Material"，取名为 Sky01，创建完成后单击材质球然后将其着色器类型选择为"Skybox"→"6 Sided"即可，如图 4-24 所示，在其中添加六张纹理图，如图 4-25 所示。

（4）创建好的六面天空盒 Sky，直接拖到 Scene 视图中即可，如图 4-26 所示。

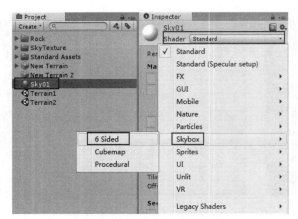
图 4-24　创建六面天空盒

图 4-25　天空盒添加六面纹理图

图 4-26　添加天空盒后的场景图

（5）按下[Ctrl+S]，保存场景。

4.3.4　音效

音效的播放涉及两个元素：音频监听器（Audio Listener）和音频源（Audio Source），这两个元素都是某个具体游戏对象的组件属性，例如 Mani Camera 对象默认情况下具有 Audio Listener 的属性。

1. 音频监听器

音频监听器在游戏场景中是不可或缺的，它在场景中类似于麦克风设备，从场景中任何给定的音频源接收输入，并通过计算机的扬声器播放声音。一般情况下将其挂载到摄像机上，执行菜单栏"Component"→"Audio"→"Audio Listener"命令可添加音频监听器，如图 4-27 所示。需要注意的是一个场景中如果添加多个 Audio Listener，其中只能有一个起作用。

2. 音频源

在游戏场景中播放音乐就需要用到音频源（Audio Source）。其播放的是音频剪辑（Audio Clip），音频可以是 2D 的，也可以是 3D 的。若音频剪辑是 3D 的，声音会随着音频监听器与音频源之间距离的增大而衰减。执行菜单栏"Component"→"Audio"→"Audio Source"命令添加音频源，参数如表 4-11 和表 4-12 所示。

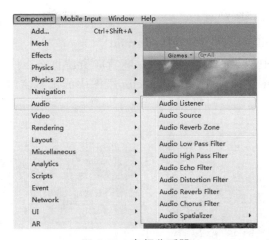

图 4-27　音频监听器

表 4-11　音频源基本参数

属性	功能
Audio Clip	将要播放的声音文件
Output	音频剪辑，通过音频混合器输出
Mute	静音，如果勾选此选项，那么音频在播放时没有声音
Bypass Effects	忽视监听效果，用来快速打开或关闭所有特效
Bypass Listener Effects	忽视监听器效果，用来快速打开或关闭监听器特效
Bypass Reverb Zones	忽视混响区，用来快速打开或关闭混响区
Play On Awake	唤醒时播放，如果启用声音在场景启动时就会播放，如果禁用声音需要在脚本中通过 play 命令播放
Loop	循环播放音频
Priority	确定场景中所有并存的音频源的优先权。0 为最重要的优先权，256 为最不重要，默认为 128，当资源不足时，优先级最低的音频源会被剔除
Volume	音频监听器监听到的音量
Pitch	音调，改变音调值可以加速或减速播放音频剪辑
Stereo Pan	环绕立体声
Spatial Blend	空间混合，通过三维空间化计算来确定音频源受影响的程度
Reverb Zone Mix	音频混响区

表 4-12　3D 音效参数

属性	功能
Doppler Level	决定多普勒效应应用到这个声音信号源的级别
Spread	扩散，设置 3D 立体声或多声道音响在扬声器空间的传播速度
Volume Rolloff	设置音量衰减模式，有对数衰减（Logarithmic Rolloff）、线性衰减（Linear Rolloff）以及自定义的衰减曲线（Custom Rolloff）
Min Distance	在最小距离之内声音会保持最响亮，在最小距离之外声音就开始衰减，衰减方式由音频衰减曲线决定
Max Distance	声音停止衰减最大距离，超过这一点，它将在距离监听器最大距离单位保持音量，不会做任何的衰减。

下面给场景中添加音效。

（1）打开工程 TerrainDemo，打开场景 Terrain1。

（2）在 Project 视图中创建 Audio 文件夹，将音频资源直接拖拽到这个文件夹中，载入音乐文件 Water。点击 Water 音频文件，在 Inspector 视图中的预览窗口中点击播放按钮，可以浏览该音频，如图 4-28 所示。

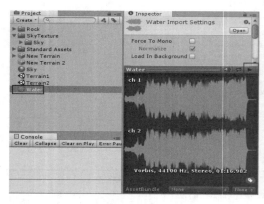
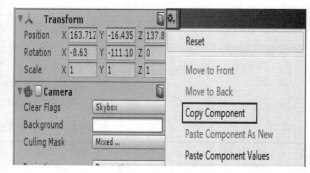

图 4-28　音频资源　　　　　　　　　　　　　　　　　　图 4-29　复制组件信息

（3）添加水的声音。在 Hierarchy 视图中点击"Create"→"Create Empty"，创建一个空的游戏对象，命名为 Water Source，并调整它的位置到场景中的湖泊上。点击场景中的水资源对象，在 Inspector 视图点击 Transform 组件旁边的 按钮，点击"Copy Component"复制水资源的组件信息，如图 4-29 所示。接下来点击 Hierarchy 视图中的 Water Source 对象，在 Inspector 视图点击 Transform 组件旁边的 按钮，点击"Paste Component Values"粘贴水资源的组件信息，这样 Water Source 对象就调整到了湖泊位置上。

（4）选择 Water Source 对象，执行菜单栏"Component"→"Audio"→"Audio Source"命令添加音频源，此时该对象的位置上出现了一个喇叭形状的图标，表示已经添加了一个 Audio Source 组件，如图 4-30 所示。在 Inspector 视图中把 Water 音频文件拖给 Audio Source 组件的 AudioClip，或者点击 Audio Source 组件的 AudioClip 旁边的按钮选择 Water 音频文件，如图 4-31 所示。在 Inspector 视图中，将 Spatial Blend 设置为 1，即设置为 3D 音效。点击游戏运行按钮，发现声音会根据监听器的位置变化而变化，具有了立体声的效果。

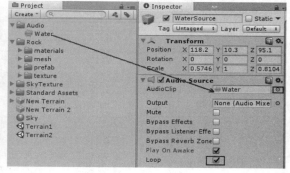

图 4-30　调整 Water Source 位置并添加声音组件　　　　　　图 4-31　添加音频

（5）点击游戏运行按钮，声音已经可以播放了。可是当这个音频播放一遍之后便停止了，此时，需要设置循环播放，在 Audio Source 组件属性中，把 Loop 属性勾选上。现在再点击游戏播放按钮时声音便不断地循环播放。

（6）按下[Ctrl+S]，保存场景。

4.4　添加角色

添加角色

1. 创建第一人称角色控制器

为了能够更好地在场景中漫游，可以在场景中创建第一人称角色控制器。

（1）打开工程 TerrainDemo，打开场景 Terrain1。

（2）导入角色控制器资源包。在 Project 视图中，右击"Import Package"→"Characters"，将资源导入到项目中。

（3）在 Project 视图中，依次打开文件夹"Standard Assets"→"Characters"，可以看到在 Characters 文件夹下有 FirstPersonCharacter（第一人称角色控制器）文件夹和 ThirdPersonCharacter（第三人称角色控制器）文件夹，如图 4-32 所示。

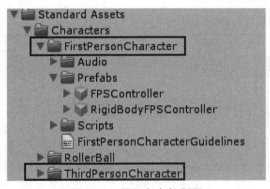

图 4-32　导入角色控制器

图 4-33　角色漫游

（4）将"FirstPersonCharacter"→"Prefabs"文件夹中的 RigidBodyFPSController 预设体拖动到 Scene 视图中。在 RigidBodyFPSController 的 Inspector 视图中，将 Transform 组件下 Position 的 Y 值设置为 13，得到更高的视觉。

（5）由于第一人称角色控制器自带摄像机，所以把 Hierarchy 视图中的主摄像机 Main Camera 删除，即右击"Main Camera"，在快捷菜单中选择"Delete"命令。单击工具栏中的运行按钮，在 Game 视图中，通过 W、A、S、D 键或者方向键控制角色的移动，空格键控制跳跃，鼠标控制视野方向，如图 4-33 所示。

（6）按下[Ctrl+S]，保存场景。

2. 添加小地图

添加小地图，可以在地图中查看角色在场景中所在的位置。

正如电影中的镜头用来将故事呈现给观众一样，Unity3D 的相机用来将游戏世界呈现给玩家。摄像机是 Unity 的核心组件之一，每一个新建的工程都默认创建有一个主摄像机。显示场景中，摄像机所照射的部分是向玩家捕获和显示世界的设备，通过自定义和操纵摄像机，可以使游戏表现得具有独特性，并且场景中摄像机的数量不受限制，可以设定成任意的渲染，持续到屏幕上的任意地方。摄像机的属性如图 4-34 所示，其参数如表 4-13 所示。

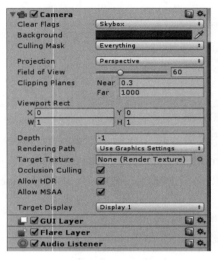

图 4-34　摄像机组件

表 4-13　摄像机参数列表

属性	功能
Clear Flags	背景显示的内容，默认为天空盒
Background	背景颜色
Culling Mask	剔除遮罩。用于显示某些层，可以过滤不需要显示的层
Projection	摄像机的投射方式，正交或者透视
Field of View	视野范围
Viewport Rect	标准视图矩形，用四个数值来控制摄像机的视图在屏幕中的位置及大小，该项使用屏幕坐标系，数值在 0~1 之间（X：水平位置起点；Y：垂直位置起点；W：宽度；H：高度）
Depth	摄像机的深度，摄像机是从低深度值到高深度值的次序进行绘制的，一个深度值为 2 的摄像机，将会在深度值为 1 的摄像机位之后再绘制
Rendering Path	渲染路径
Target Texture	目标纹理，及摄像机渲染不再显示在屏幕上，而是映射到纹理上。新建一张 Render Texture，然后将它拖到 Target Texture 上，这时就会发现这个纹理，显示的图片就是摄像机拍摄的画面
Occlusion Culling	允许剔除遮挡
Allow HDR	允许渲染高动态色彩画面
Allow MSAA	允许进行硬件抗锯齿
Target Display	目标显示器，可以设置 1~8
GUI Layer	是否启用相机绘制 GUI
Flare Layer	耀斑层
Audio Listener	音频监听器

了解了摄像机的属性，接下来给场景右上角添加一个小地图，查看角色在场景中的位置情况。

（1）打开工程 TerrainDemo，打开场景 Terrain1

（2）在 Porject 视图中点击"Create"→"Camera"创建一个摄像机，调整摄像机的位置，使得在地形的正上方，拍摄地形。设置属性值 Clear Flags 为 Depth Only（仅深度）；Projection 为 Orthographic（正交）；调整摄像机视图在屏幕中的位置 X：0.8，Y：0.8，宽度 W：0.3，高度 0.3；同时调整摄像机的视野 Size 使整个场景都在视野范围内；将摄像机的深度 Depth 设置为 2，使之在其他摄像机之后渲染，具体设置如图 4-35 所示。

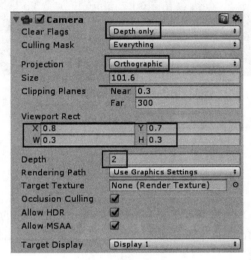

图 4-35　地图摄像机属性设置

（3）这时候已经能在 Game 视图的右上角看到场景的小地图了，为了能看到角色，在角色游戏对象 RigidBodyFPSController 下创建一个 Plane，命名为"PlaneMask"，并设置 Scale 为（2，2，2），以便在小地图中显示得更清晰。在 Hierarchy 视图中选择 PlaneMask，在 Inspector 视图中点击 Layer 旁边的按钮，选择"UI"，则将标识角色用的 PlaneMask 设置为"UI"层，如图 4-36 所示。

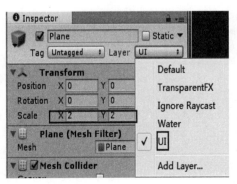

图 4-36　设置层

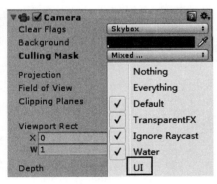

图 4-37　剔除遮罩

（4）在 Main Camera 中剔除遮罩。选择角色身上的 Main Camera 游戏对象，设置它的 Culling Mask 属性，取消勾选"UI"，如图 4-37 所示，这样主相机就不会渲染到这个层，即主相机不会渲染到用于标识角色用的 PlaneMask。

（5）按下[Ctrl+S]，保存场景，运行游戏如图 4-38 所示。

图 4-38　小地图效果

4.5　本章小结

本章主要介绍 Unity3D 地形编辑系统的创建方式，相关参数的设定和绘制步骤，使用高度图来生成地形地貌，还介绍了为场景添加水体、雾、天空盒、音效、漫游角色和小地图的方法，使场景更加生动真实。

第 5 章　Unity3D 脚本程序基础

Unity 使用的脚本语言有三种，分别是 C#、JavaScript 和 Boo，其中最常用的是 C#和 JavaScript。JavaScrip 相对于其他两种语言来说是最容易入门的，虽然 C#的语法有点复杂，但是它更加接近面向对象编程思想。因此，本书的示例首选使用 C#语言来编写脚本。

5.1　Unity 中 C#编程基础

Unity 中 C#编程
基础（动画）

在 Unity3D 中，C#脚本的运行环境使用了 Mono 技术，Mono 是由 Novell 公司致力于.NET 开源的工程，利用 Mono 技术可以在 Unity3D 脚本中使用.NET 所有的相关类。但 Unity 3D 中 C#的使用与传统的 C#有一些不同。

Unity 是一个面向组件的游戏引擎，每个游戏物体（GameObject）在检视面板上可以看到挂载了很多的组件，每个组件其实就是一个继承自 MonoBehaviour 的类，只要是继承了 MonoBehaviour 的类就可以挂载到游戏物体上，用户所编写的游戏脚本都是继承自 MonoBehaviour 的类，所以可以挂载到游戏物体上，组件就是官方内置的脚本。

MonoBehaviour 类是所有脚本的基类，每个脚本都会自动继承 Monobehaviour 类。Monobehaviour 的各个函数执行顺序如图 5-1 所示。

unity 脚本从唤醒到销毁都有着一套比较完善的生命周期，添加任何脚本都要遵守生命周期法则，接下来介绍几种系统自调用的重要方法，它们的执行顺序为 Awake → Start → Update → FixedUpdate → LateUpdate →OnGUI →Reset → OnDisable →OnDestroy。

下面针对每一个方法进行详细的说明。

（1）Awake：用于在游戏开始之前初始化变量或游戏状态。在脚本整个生命周期内它仅被调用一次。Awake 在所有对象被初始化之后调用，所以用户可以安全地与其他对象对话或用诸如 GameObject.FindWithTag()这样的函数搜索它们。每个游戏物体上的 Awake 以随机的顺序被调用。因此，用户应该用 Awake 来设置脚本间的引用，并用 Start 来传递信息，Awake 总是在 Start 之前被调用。

（2）Start：仅在 Update 函数第一次被调用前调用。Start 在 behaviour 的生命周期中只被调用一次。它和 Awake 的不同是 Start 只在脚本实例被启用时调用。用户可以按需调整延迟初始化代码。Awake 总是在 Start 之前执行，这允许用户协调初始化顺序。在所有脚本实例中，Start 函数总是在 Awake 函数之后调用。

（3）Update：正常帧更新，用于更新逻辑。每一帧都执行，处理 Rigidbody 时，需要用 FixedUpdate 代替 Update。例如：给刚体加一个作用力时，用户必须应用作用力在 FixedUpdate 里的固定帧，而不是 Update 中的帧（两者帧长不同）。每固定帧绘制时执行一次 FixedUpdate，和 Update 不同的是 FixedUpdate 是渲染帧执行，如果渲染效率低下的时候 FixedUpdate 调用次数就会跟着下降。FixedUpdate 比较适用于物理引擎的计算，因为是跟每帧渲染有关，Update 则比较适合做控制。

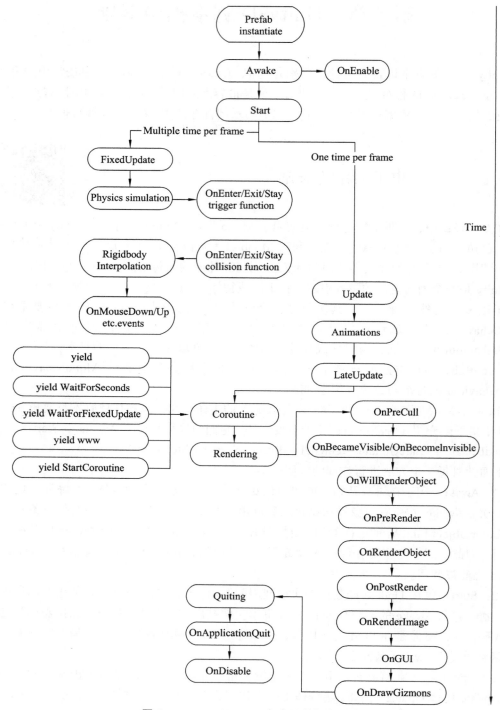

图 5-1　Monobehaviour 各个函数执行顺序

（4）FixedUpdate：固定帧更新，在 Unity 导航菜单栏中，点击"Edit"→"Project Setting"→ "Time"菜单项后，右侧的 Inspector 视图将弹出时间管理器，其中 Fixed Timestep 选项用于设置 FixedUpdate() 的更新频率，更新频率默认为 0.02 s。

（5）LateUpdate：在所有 Update 函数调用后被调用，和 Fixedupdate 一样都是每一帧都被调用执行，这可用于调整脚本执行顺序。例如：当物体在 Update 里移动时，跟随物体的相机可以在 LateUpdate 里实现。LateUpdate 在每帧 Update 执行完毕调用，它是在所有 Update 结束后才调用，比较适合用于命令脚本的执行。官网上的例子是摄像机的跟随，都是在所有 Update 操作完才跟进摄像机，不然就有可能出现摄像机已经推进了，但是视角里还未有角色的空帧出现。

（6）OnGUI：在渲染和处理 GUI 事件时调用。比如：画一个 button 或 label 时常常用到它，这意味着 OnGUI 也是每帧执行一次。

（7）Reset：在用户点击检视面板的 Reset 按钮或者首次添加该组件时被调用。此函数只在编辑模式下被调用。Reset 最常用于在检视面板中给定一个默认值。

（8）OnDisable：当物体被销毁时 OnDisable 将被调用，并且可用于任意清理代码。脚本被卸载时，OnDisable 将被调用，OnEnable 在脚本被载入后调用。

（9）OnDestroy：当 MonoBehaviour 将被销毁时，这个函数被调用。OnDestroy 只会在预先已经被激活的游戏物体上被调用。

使用 C# 编写脚本时还需要注意，类名要与脚本文件名相同，否则在添加脚本到游戏对象时会出现提示错误。这里要求与文件名同名的类指的是从 MonoBehaviour 继承的行为类。只有序列化的成员变量才能显示在属性查看器，而 private 和 protected 类型的成员变量只能在专家模式中显示，而且其属性不被序列化或显示在属性查看器，如果属性想在属性查看器中显示，必须是 public 类型。

5.2　创建脚本

下面通过创建 Test 程序来开始 Unity 的编程之旅。

（1）新建一个工程，名为 TestDemo，保存场景 Test。

（2）在 Project 视图中，点击"Create"→"C# Script"，此时在 Project 视图中创建了一个 C# 文件，将新建的 C# 脚本文件重命名为 Test。

（3）双击 Test 脚本文件，Unity3D 默认启动 Mono Developer 编辑器。如果需要换成微软的 Visual Studio 集成开发环境，点击菜单栏"Edit"→"Preferences..."，打开偏好设置面板，选择左边的"External Tools"，可以看到右边的 External Script Editor 属性，点击右边的下拉菜单，可以选择不同的脚本编辑器，如果需要使用微软的 Visual Studio，事先需要在系统中安装有该软件，如图 5-2 所示。

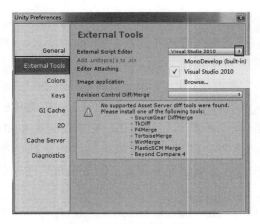

图 5-2　选择程序编辑器

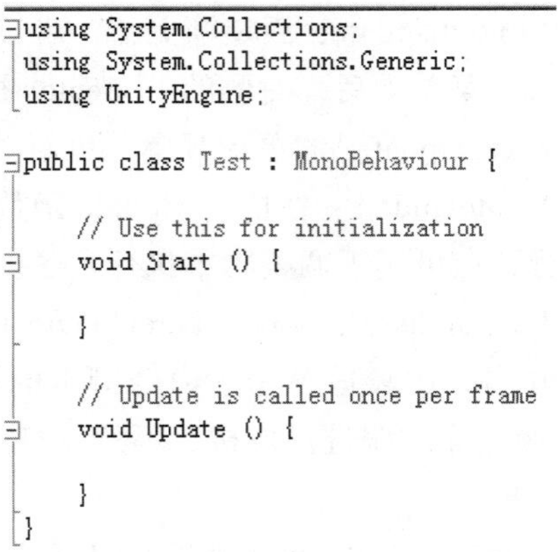

图 5-3　打开脚本文件

（4）在新建的 Test 脚本中，Unity3D 会生成带有两个函数的代码，分别是 Start 函数和 Update 函数，如图 5-3 所示，在 Test 脚本中重新输入如下代码：

```
publicclass Test：MonoBehaviour {
void Awake()
{//输出语句
    Debug.Log("This is Awake!");
}
void Enable()
{
    Debug.Log("This is Enable!");
}
void Start()
{
    Debug.Log("This is Start!");
}
void FixedUpdate()
{
    Debug.Log("This is FixedUpdate!");
}
void Update()
{
    Debug.Log("This is Update!");
}
void LateUpdate()
{
    Debug.Log("This is LateUpdate!");
}
```

```
void OnGUI()
{
    Debug.Log("This is OnGUI!");
}
void OnDisable()
{
    Debug.Log("This is OnDisable!");
}
}
```

（5）挂载脚本。脚本开发完成后保存，将做好的脚本 Test 拖入到 Hierarchy 层级视图的 Main Camera，这样 Inspector 视图中就出现了 Test 组件，如图 5-4 所示。或者点击 Hierarchy 层级视图的 Main Camera 游戏对象，将 Test 脚本拖动到该对象的组件列表中。

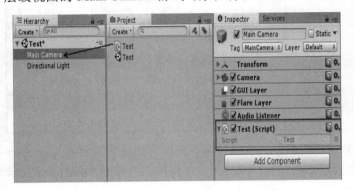

图 5-4　挂载脚本

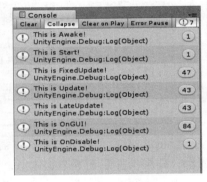

图 5-5　脚本运行效果

（6）点击工具栏上的播放游戏按钮查看运行效果，从 Console 视图中的输出可以很清楚地看到 Unity 执行顺序：Awake →Start →Update 。

5.3　常用脚本 API

Unity 引擎提供了丰富的组件和类库，为游戏开发提供了便利，熟练掌握和使用这些 API 对于游戏开发的效率提高非常重要，本节将介绍一些开发中最常用到的 API 和使用方法。

5.3.1　Transform 类

Transform 类是用来定义游戏对象的位置、旋转和缩放属性的。由于该类继承了 Component 类，所以它也是一种组件，而且对于该类来说，所有的游戏对象都具有 Transform 类，也就是拥有了 Transform 组件，即使该对象是空的对象。在游戏中如果想更新玩家位置，设置相机观察角度都免不了要和 Transform 组件打交道，Transform 类的成员变量如表 5-1 所示。

Transform 类

表 5-1   Transform 类的成员列表

成员列表	说明
Position	世界坐标系中的位置
localPosition	父对象局部坐标系中的位置
eulerAngles	世界坐标系中以欧拉角表示的旋转
localEulerAngles	父对象局部坐标系中的欧拉角
right	对象在世界坐标系中的右方向
up	对象在世界坐标系中的上方向
forward	对象在设备坐标系中的前方向
rotation	世界坐标系中以四元数表示的旋转
localRotation	父对象局部坐标系中以四元素表示的旋转
localScale	父对象局部坐标系的缩放比例
parent	父对象的 Transform 组件
worldToLocalMartix	世界坐标系到局部坐标系的变换矩阵
localToWorldMatrix	局部坐标系到世界坐标系的变换矩阵
root	对象层级关系中根对象的 transform 组件
childCount	子孙对象的数量
lossyScale	全局缩放比例

Transform 组件比较特殊，不需要通过获取就可直接使用，表示当前物体对象的 transform 属性，即脚本挂载在哪个物体上，就表示那个物体的 Transform 组件，大写的 Transform 表示一个类，小写的 transform 是类的实例化，下面介绍应用示例。

1. 移动物体

（1）在场景中创建一个 Cube 游戏对象，把 Position 置 0，即放到世界中心的（0，0，0）点，添加 C#脚本"Move"，将脚本赋给 Cube 游戏对象，单击工具栏的播放按钮，可以看到 Position 的变化，代码如下：

```
void Start()
{
    //改变模型位置，将游戏对象移动到世界坐标(10, 20, 30)
    transform.position = new Vector3(10, 20, 30);
}
```

（2）如果要获取别的物体的 Transform 组件，要先定义一个 Transform 变量，在场景中创建一个 Sphere 游戏对象，把 Position 设置为（10，0，0）点，修改脚本"Move"如下：

```
public Transform mySphere; //把球赋给这个变量（在属性窗口拖动）
void Start()
{//改变模型位置，将游戏对象移动到世界坐标(10, 20, 30)
    transform.position = newVector3(10,20,30);
    mySphere. position=newVector3(10,20,30);
}
```

因为定义了一个 Public 类型的公共变量，在 Inspector 视图中 Move 组件就显示了一个变量，这时候把 Sphere 游戏对象拖给这个变量，单击工具栏的播放按钮，可以看到 Cube 和 Sphere 游戏对象的位置都移动到了（10，20，30）点。

（3）如果要实现 Cube 游戏对象逐帧运动，那么修改脚本"Move"如下：

```
void Update()
{   //每一帧在当前的位置上移动一段距离，Time.deltaTime：引擎每次渲染一帧花的时间
    transform.position = transform.position + transform.forward*Time.deltaTime;
}
```

还可以定义一个公有速度变量，以便在属性窗口更改移动的速度。

```
public int speed = 10; //速度
void Update()
{
    transform.position = transform.position + transform.forward*Time.deltaTime* speed;
}
```

或者

```
float speed =10; //速度
void Update()
{
    transform.Translate(Vector3.forward * Time.deltaTime * speed);
}
```

(4)通过 Vector3.MoveTowards()来移动，让物体移动到某个点。

```
Public Transform mySphere; //把球赋给这个变量(在属性窗口拖动)
float speed = 10; //速度
void Update()
{
    transform.position =
    Vector3.MoveTowards(transform.position, MySphere.position, speed*Time.deltaTime);
}
```

单击工具栏的播放按钮，移动球体 Sphere 游戏对象，会发现 Cube 对象会一直跟随，因为 Update 是实时更新的，球的 position 也是在实时变化。

2. 旋转物体

1）四元素和欧拉角

在游戏对象的 Transform 组件中，变量 Transform.rotation 为对象在全局坐标系下的旋转，Transform.localrotation 为对象在父对象的局部坐标系下的旋转，两个变量的类型均为四元素。所以可以通过四元素来控制对象的旋转。

旋转

```
void Start()
{   //指定旋转角度：欧拉角;把欧拉角转成四元数
    Quaternion Myqua = Quaternion.Euler(new Vector3(0,60,0));
```

```
//把四元数赋值给模型的 rotation 属性,来改变模型的旋转
    transform.rotation = Myqua;
}
```

当然四元数也可以转换成欧拉角，上面脚本等价于：

```
void Start()
{//设置游戏对象绕 Y 轴旋转 60°
    transform.eulerAngles=(newVector3(0,60,0));
}
```

2）Rotate 方法

Cube 游戏对象绕自身坐标系 Y 轴转动，修改脚本如下：

```
float speed = 30.0f;
void Update()
{
    //transform.Rotate(参数 1，参数 2，参数 3，参数 4)
    //参数 1：X 轴旋转角度；参数 2：Y 轴旋转角度；参数 3：Z 轴旋转角度；
    //参数 4：参考坐标系
    transform.Rotate(0, speed * Time.deltaTime, 0, Space. Self);
    //等同于 transform. Rotate (Vector3. up*speed*Time. deltaTime);
}
```

input 类

5.3.2 Input 类

在 Input 类中，Key 与物理按键对应，例如键盘、鼠标、摇杆上的按钮，其映射关系无法改变，可以通过按键名称或者按键编码 Keycode 来获得其输入状态。Button 是输入管理器 Input Manager 中定义的虚拟按键，通过名称来访问。开发者可以根据需要创建和命名虚拟按键，并设置与物理按键（及其组合）的消息映射。例如 Unity 默认地为用户创建了名为 Horizontal 的虚拟按键，并将键盘左、右键和 A、D 键的消息映射给了 Horizontal。依次选择菜单栏中的"Edit"→"Project Settings"→"input"命令，即可打开输入管理器，如图 5-6 所示。

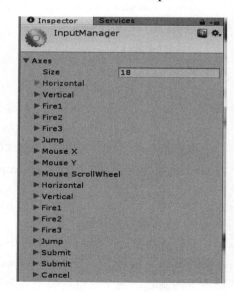

图 5-6 输入管理器

1. 键盘输入

键盘事件也是桌面系统中的基本输入事件。和键盘有关的输入事件有按键按下、按键释放、按键长按，Input 类中可以通过表 5-2 所示的方法来处理。

表 5-2　Input 类中键盘输入的方法

输入方法	说明
GetKey	按键按下期间返回 true
GetKeyDown	按键按下的第一帧返回 true
GetKeyUp	按键松开的第一帧返回 true
GetAxis（"Horizontal"）和 GetAxis（"Vertical"）	用方向键或 W、A、S、D 键来模拟-1 到 1 的平滑输入

（1）键盘按键事件响应。

```
void Update()
{
    if(Input.GetKeyDown(KeyCode.A))
    {
        Debug.Log("A 键按下");
    }
    if(Input.GetKeyUp(KeyCode.A))
    {
        Debug.Log("A 键抬起");
    }
    if(Input.GetKey(KeyCode.A))
    {
        Debug.Log("A 键按住");
    }
    if(Input.GetKey(KeyCode.Space))
    {
        Debug.Log("空格键按住");
    }
    if(Input.anyKey)
    {
        Debug.Log("任意键按住");
    }
    //菜单"Edit"→"Project Settings"→"Input"中可以设置键盘输入 name 所关联的按键
    if(Input.GetButtonDown("Fire1"))
    {
        Debug.Log("Fire1 按下");
    }
}
```

（2）用键盘方向键或 W、A、S、D 键控制场景中 Cube 游戏对象的移动。

```
float speedMove = 10; //移动速度
```

```
float rotateSpeed = 60; //旋转速度
void Update(){
    //Vertical 按钮关联的是 W、S、上、下按键, GetAxis 获取按键的增量值(返回的是
    -1 ~ 1 的浮点数)
    //W 实现向前(Z 轴)移动, S 实现向后(Z 轴反方向)移动,通过增量来控制移动
    float v = Input.GetAxis("Vertical");
    //Horizontal 按钮关联的是 A、D、左、右按键，通过增量来控制左右旋转
    float h = Input.GetAxis("Horizontal");
    if(v!=0 || h!=0)
    { //移动
        transform.Translate(v*Vector3.forward*speedMove*Time.deltaTime,Space.Self);
        //旋转
        transform.Rotate(0,h* rotateSpeed*Time.deltaTime,0,Space.Self);
    }
}
```

2. 鼠标输入

鼠标输入的相关事件，包括鼠标移动、按键的单击等，在 Input 类中和鼠标输入有关的方法和变量如表 5-3 所示。

表 5-3　Input 类中鼠标输入的方法

输入方法	说明
mousePosition	得到当前鼠标的位置
GetMouseButtonDown	鼠标按键按下的第一帧返回 true
GetMouseButtonUp	鼠标按键松开的第一帧返回 true
GetMouseButton	鼠标按键按下期间一直返回 true
GetAxis（"Mouse X"）	得到一帧内鼠标在水平方向的移动距离
GetAxis（"Mouse Y"）	得到一帧内鼠标在垂直方向的移动距离

在 Unity 中鼠标位置用屏幕的像素坐标来表示，屏幕左下角为（0，0）点，mousePosition 的变量类型是 Vector3，其中 X 分量对应水平坐标，Y 分量对应垂直坐标，Z 分量始终为 0。下面是鼠标按键事件响应：

```
void Update(){
        Vector3 vec = Input.mousePosition;
        Debug.Log("鼠标位置"+ vec);
        if(Input.GetMouseButtonDown(0))
        {
            Debug.Log("鼠标左键");
        }
        if(Input.GetMouseButtonDown(1))
```

```
        {
            Debug.Log("鼠标右键");
        }
        if(Input.GetMouseButtonDown(2))
        {
            Debug.Log("鼠标滚轮键");
        }
        float h = Input.GetAxis("Mouse X");
        float v = Input.GetAxis("Mouse Y");
        Debug.Log("鼠标水平坐标: "+h);
        Debug.Log("鼠标垂直坐标: "+v);

    }
```

5.3.3　GameObject 类

在 Unity 场景中出现的所有物体都属于游戏
对象（GameObject），当用户把一个资源放置到场
景中之后，Unity3D 便会通过 GameObject 类来生成对应的游戏对象。该类包括了游戏对象所
需要的目标方法，例如提供了 Find()系列方法来找到场景中的某个对象，通过 GerComponent()
系列方法来获得该游戏对象中的某个组件，同时使用 AddComponent()方法来添加某个组件等。

GameObject 类（1）　　GameObject 类(2)

1. 通过名称来查找

使用函数 GameObject.Find，如果场景中存在指定名称的游戏对象，那么返回该对象的引
用，否则返回控制 Null；如果存在多个重名的对象，那么返回第一个对象的引用。

（1）打开工程 TestDemo，新建一个场景"Find"，并在场景中创建一个 Cube，一个 Sphere，
一个 Capsule。

（2）新建一个 C#脚本，名为"FindObject"，挂载给 Main Camera，输入如下代码：

```
public class FindObject: MonoBehaviour {
    public GameObject myCube;//定义名为 myCube 的游戏对象
    public GameObject mySphere;//定义名为 mySphere 的游戏对象
    public GameObject myCapsule;//定义名为 myCapsule 的游戏对象
    void Start()
    { //查找对象的方法 GameObject.Find()
        myCube = GameObject.Find("Cube");
        mySphere = GameObject.Find("Sphere");
        myCapsule = GameObject.Find("Capsule");
        if(myCube)
        Debug.Log(myCube.name);
        if(mySphere)
        Debug.Log(mySphere.name);
```

```
        if(myCapsule)
        Debug.Log(myCapsule.name);
    }
}
```

（3）运行程序，此时在控制台中输出三个游戏对象的名称，同时在 Find Object 组件下，原来为 None 的字符也变为对应的游戏对象的名称，如图 5-7 和图 5-8 所示。

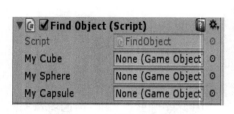

图 5-7　对象添加脚本

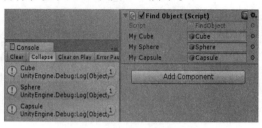

图 5-8　脚本运行结果

2. 通过标签来查找

使用 GameObject.FindGameObjectWithTag()方法在场景中查找对象，场景中的每个对象都可以设置标签，如果场景中存在指定标签的游戏对象，那么返回该对象的引用，否则返回空值 Null。如果多个游戏对象使用同一个标签，那么返回第 1 个对象的引用，如果想获取场景中使用相同标签的游戏对象，可以通过 GameObject.FindGameObjectsWithTag()方法获取游戏对象的数组。

（1）打开工程 TestDemo，新建一个场景"FindTag"，并在场景中创建一个 Cube，一个 Sphere，一个 Capsule。

（2）选择场景中的 Cube 对象，在 Inspector 视图中点击"Untagged"按钮，弹出一个浮动菜单，选择"Add Tag..."，如图 5-9 所示。在弹出的 Tags&Layers 面板中点击"+"按钮，输入"Enemy1"，点击"Save"。继续点击"+"按钮，添加"Enemy2"和"Enemy3"标签，如图 5-10 所示。

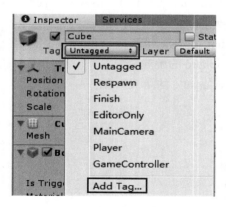

图 5-9　打开标签菜单

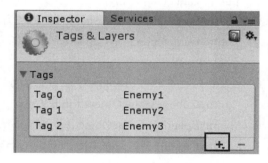

图 5-10　新建标签

（3）重新选择 Cube，点击"Tag"属性，此时，刚才输入的三个标签已经添加到 Tag 的下拉菜单栏，点击"Enemy1"，Cube 便加上了 Enemy1 标签，如图 5-11 所示，用同样的方法给

Sphere 添加 Enemy2 标签，给 Capsule 添加 Enemy3 标签。

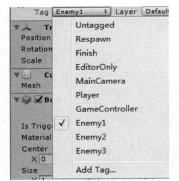

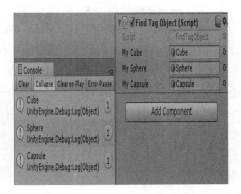

图 5-11　为对象添加标签　　　图 5-12　挂载脚本组件　　　图 5-13　脚本运行结果

（4）新建一个脚本"FindTagObject"，挂载给 Main Camera，如图 5-12 所示，代码如下：

```
public class FindTagObject: MonoBehaviour {
    public GameObject myCube;//定义名为 myCube 的游戏对象
    public GameObject mySphere;//定义名为 mySphere 的游戏对象
    public GameObject myCapsule;//定义名为 myCapsule 的游戏对象
    void Start()
    {   // GameObject.FindGameObjectWithTag()通过便签查找，以节省时间
        myCube = GameObject.FindGameObjectWithTag("Enemy1");
                //查找标签为 Enemy2 的游戏对象
        mySphere = GameObject.FindGameObjectWithTag("Enemy2");
        myCapsule = GameObject.FindGameObjectWithTag("Enemy3");
        if(myCube)
        Debug.Log(myCube.name);
        if(mySphere)
        Debug.Log(mySphere.name);
        if(myCapsule)
        Debug.Log(myCapsule.name);
    }
}
```

（5）运行程序，此时控制台输出游戏对象的名字，如图 5-13 所示。

（6）在场景中新建两个 Cube 对象，把它们的标签都改为"Enemy1"，新建一个脚本"FindTagsObject"，挂载给 Main Camera，同时取消激活"FindTagObject"脚本组件，如图 5-14 所示，代码如下：

```
public class FindTagsObject: MonoBehaviour {
    public GameObject[] myCubes;//定义一个名为 myCube 游戏对象数组
```

```
    void Start()
    {   //查找所有标签为 Enemy1 的游戏对象并存到数组中
        myCubes = GameObject.FindGameObjectsWithTag("Enemy1");
        //使用 foreach 循环遍历数组
        foreach(GameObject myObject in myCubes)
        {
                    Debug.Log(myObject.name);
        }
    }
}
```

（7）运行程序，此时控制台输出游戏对象的名字，如图 5-15 所示。

上述的几个函数比较耗时，应避免在 Update 中调用这些获取组件的函数，而应该在初始化时（Awake 方法或者 Start 方法）把组件的引用保存在变量中。

图 5-14　代码的失效与挂载

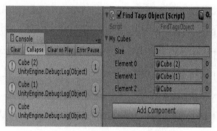

图 5-15　脚本运行结果

5.3.4　访问组件

脚本可以认为是开发者自定义的组件，并且可以添加到游戏对象上来控制游戏对象的行为，一个游戏对象可能有若干个组件构成，每个组件可以理解为一个功能模块。编写脚本的目的是用来定义游戏对

访问组件

象的行为，因此会经常需要访问游戏对象的各种组件，并设置组件的参数。如果要访问组件，可以通过表 5-4 的函数来得到组件的引用。

表 5-4　函数列表

函数名	作用
GetComponent	得到组件
GetComponentInChildren	得到对象或对象子物体上的组件
GetComponentInParent	得到对象或对象父节点上的组件

GetComponentInChildren 和 GetComponentInParent 对于子节点下的"孙节点"和父节点上的"祖父节点"都是有效的。需要注意的是调用 GetComponent 函数比较耗时，因此应该尽量避免在 Update 中调用这些获取组件的函数，而是应该在初始化时把组件的引用保存在变量中，获取组件后，就可以对组件上面所有共有的变量和方法进行访问。

下面举例获取对象身上的组件，然后改变组件的属性。

（1）打开工程 TestDemo，新建一个场景"Getcomponent"，并在场景中创建一个 Cube。

（2）新建一个脚本"GetlightandmeshComponent"，挂载给 Cube，代码如下：

```
public class GetlightandmeshComponent: MonoBehaviour {
    GameObject myLight,myCube;//定义两个游戏变量
    void Start(){
        //查找 Directional Light 游戏对象
        myLight = GameObject.Find("Directional Light");
        //查找 Cube 游戏对象
        myCube = GameObject.Find("Cube");
        if(myLight)
        {//获取游戏对象身上的 Light 组件,GetComponent<组件名>(),前面有一个变量
         //来存储，且这个变量必须是和组件同一类型的变量
            Light lig=myLight.GetComponent<Light>();
            //改变组件身上的属性：改变灯光组件的颜色
            lig.color = Color.blue;
            //改变灯光组件的强度
            lig.intensity = 40;
        }
        if(myCube)
        {//获取 Cube 身上的渲染组件 MeshRenderer
            MeshRenderer mesh=myCube.GetComponent<MeshRenderer>();
            //改变渲染组件身上的材质颜色,从而改变模型的颜色
            mesh.material.color = Color.yellow;
        }
    }
}
```

（3）运行程序，Directional Light 平行光变蓝色，且 Cube 对象变黄色。

5.3.5　协同程序

协同程序，即在主程序运行时，同时开启另一段逻辑处理，来协同当前程序的执行。但它与多线程程序不同，所有的协同程序都是在主线程中运行的，它还是一个单线程程序，Unity 中可以通过 StartCoroutine 方法来启动一个协同程序，Unity 中与协同程序相关的函数如表 5-5 所示。

表 5-5　与协同相关的程序

函数名	作用
StartCoroutine	启动一个协同程序
StopCoroutine	终止一个协同程序
StopAllCoroutine	终止所有协同程序
WaitForSeconds	等待若干秒
WaitForFixedUpdate	等待直到下一次 FixUpdate 调用

协同程序中可以使用 yield 的关键字来中断协同程序，yield 是一种特殊类型的返回（Return）语句，它可以确保函数在下一次被执行时不是从头开始，而是从 yield 语句处开始，只要用 yield 将函数的返回值改为 IEnumerator 即可。下面通过一个案例来演示游戏对象的流程。

```
public class NewBehaviourScript: MonoBehaviour {
    IEnumerator Start(){
        //协程的调用
        Debug.Log("Now,the time is: " + Time.time);
        yield return StartCoroutine(myFun(4));
        Debug.Log("Final,the time is: " + Time.time);
    }
    //协程的定义
    IEnumerator myFun(float time)
    {
    yield return new WaitForSeconds(time);
    Debug.Log("Later,the time is: "+Time.time);
    }
}
```

运行程序结果如图 5-16 所示。

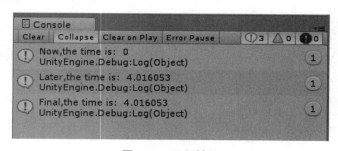

图 5-16　运行结果

5.4　本章小结

本章讲解 Unity3D 脚本的基本使用方法，使读者了解 Unity3D 脚本的开发基础。同时还通过例子讲解了如何通过 Find 系列函数获得场景中的游戏对象，通过 GetComponent 来获得游戏对象的组件。

通过本章的学习，读者应该对 Unity 的脚本有了一定的了解，能初步写一些脚本。脚本编程的技巧和内容还有很多，游戏开发者要不断地探索和学习脚本知识，为以后模拟复杂的、真实的物体控制打下坚实的基础。

第 6 章　物理系统

Unity 内置了 NVIDIA 的 PhysX 物理引擎，PhysX 是目前使用最为广泛的物理引擎，被很多游戏开发者所采用，开发者可以通过物理引擎高效、逼真地模拟刚体碰撞、车辆驾驶、布料、重力等物理效果，使游戏画面更加真实而生动。Unity 为广大用户提供了多个物理模拟的组件，通过修改相应参数，从而使游戏对象表现出与现实相似的各种物理行为。

6.1　刚体

刚体　　　　刚体（动画）

Unity3D 中 Rigidbody（刚体）组件可使游戏对象在物理系统的控制下运动，刚体可接受外力与扭矩力用来保证游戏对象像在真实世界中那样进行运动。任何游戏对象只有添加了刚体组件才能受到重力的影响，通过脚本为游戏对象添加的作用力以及通过 NVIDIA 物理引擎与其他的游戏对象发生互动的运算都需要游戏对象添加了刚体组件。

为游戏对象添加 Rigidbody（刚体）组件，实现该对象在场景中的物理交互。当游戏对象添加了 Rigidbody 组件后，游戏对象便可以像真实世界中受到力的效果，如重力、阻力、质量等，任何游戏对象只有在添加 Rigidbody 组件后才会受到重力影响。接下来介绍如何为游戏对象添加刚体组件。

（1）新建工程 RigidBodyDemo，新建一个场景 "RigidBody"，在场景中创建一个 Sphere，一个 Plane，让 Plane 显示在 Sphere 的下方，作为 Sphere 跌落的地面，并给它们赋予纹理图，如图 6-1 所示。运行程序，场景没有任何的变化。

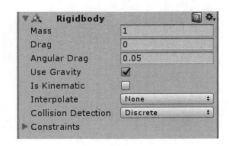

图 6-1　创建场景　　　　　　　　　　图 6-2　添加刚体组件

（2）为 Sphere 添加刚体。在场景中选中 Sphere，在 Inspector 视图中单击 "Add Component" 按钮，在弹出的菜单中选择 "Physics" → "Rigid Body"，便为 Sphere 添加了刚体组件，如图 6-2 所示，其属性如表 6-1 所示。这时 Sphere 便有了重力，点击运行按钮，可以看到 Sphere 跌落的效果（如果不增加 Plane，Sphere 会一直往下跌落，有兴趣的可以自行尝试）。

表 6-1　刚体属性列表

属性	功能
Mass	物体的质量，建议一个物体的质量不要与其他物体相差 100 倍
Drag	当受力运动时物体受到的空气阻力，0 表示没有空气阻力，极大时使物体立即停止运动
Angular Drag	当受扭力旋转时物体受到的空气阻力，0 表示没有空气阻力，极大时使物体立即停止运动
Use Gravity	物体是否受重力影响，若激活，则物体受重力影响
Is Kinematic	游戏对象是否遵循运动学物理定律，若激活该物体不再受物理引擎驱动，而只能通过变换 Transform 来操作，也就是忽略了力对该刚体的作用。适用于模拟运动的平台或者模拟由铰链关节连接的刚体
Interpolate	物体运动插值模式，当发现钢体运动时抖动可以尝试下面的选项：None（无），不应用差值；Interpolate（内差值），基于上一帧变换来平滑本帧变换；Extrapolate（外插值），基于下一帧变换来平滑本帧变换
Collision Detection	碰撞检测模式。用于避免高速物体穿过其他物体却未触发碰撞，包括三种模式。Discrete 模式用来检测与场景中其他碰撞器或其他物体的碰撞；Continuous 模式用来检测与动态碰撞器的碰撞；Continuous Dynamic 模式用来检测与连续模式和连续动态模式物体的碰撞，适用于高速物体
Constraints	对物体运动的约束，其中 Freeze Position（冻结位置）表示刚体在世界中沿所选 X、Y、Z 轴的移动将无效；Freeze Rotation（冻结旋转）表示刚体在世界中沿所选 X、Y、Z 轴的旋转将无效

（3）一个球如果弹到地上应该会自然地往上弹，反复数次后才会静止在地面上。也就是说，这个球不但应该具有重力，还应该具有弹力。Project 视图中右击，选择"Import Package"→"Characters"，导入角色资源包，找到"Standard Assets"→"PhysicsMaterials"→"Bouncy"，如图 6-3 所示，将 Bouncy 直接托给场景中的 Sphere 游戏对象上，Sphere 增加了一个弹力的物理材质。这时候运行程序，会发现球接触地面后会反弹。

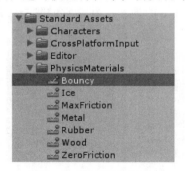

图 6-3　导入的资源包

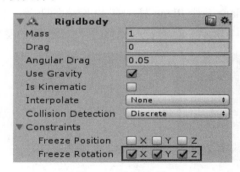

图 6-4　冻结旋转

（4）可以通过获取刚体组件来控制物体的运动。在场景中添加 Cube 游戏对象，给 Cube 添加刚体组件，新建一个脚本"RigidBodyMove"，挂载给 Cube，代码如下：

```
public class RigidBodyMove: MonoBehaviour {
    float force =50; //力的大小
```

```
Rigidbody rig; //刚体组件
void Start()
{   //获取对象身上的刚体组件
    rig = transform.GetComponent<Rigidbody>();
}
void Update()
{
        float v = Input.GetAxis("Vertical");
        float h = Input.GetAxis("Horizontal");
        //利用刚体组件 Rigibody, 实现移动
        if(h != 0 || v != 0)
        {
                rig.AddForce(new Vector3(h * force, 0, v * force));
        }
}
}
```

（5）运行程序，当力太大的时候发现 Cube 发生翻滚，这时候锁定刚体旋转的 X、Y、Z，如图 6-4 所示。

6.2　碰撞器

碰撞器　　　碰撞器（动画）

碰撞器用于检测游戏场景中的游戏对象是否互相碰撞，最基本的功能是使得物体之间不能穿过，还可以用于检测某个对象是否碰到了另外的对象，比如用于检测子弹是否碰到敌人。碰撞体是物理组件中的一类，它要与刚体配合使用才能触发碰撞。两个物体发生碰撞，需要满足两个条件：一是两个物体都要加碰撞体，二是其中一个要有刚体组件（RigidBody），刚体（RigidBody）是为了让物体受力，碰撞器（Collider）只是起阻挡作用。

6.2.1　碰撞器基础知识

给物体添加碰撞器组件，点击菜单栏"Component"→"Physics"命令，可以选择不同的碰撞器类型，Unity 中内置了 6 种碰撞器，在用法上都差不多，区别在于碰撞器的面数不一样，碰撞器面数越多，代表碰撞检测的时候 CPU 计算量越大，所以要根据自己的项目需求选择合适的碰撞器。

Unity-3D-碰撞器的
基础知识（动画）

1. Box Collider（盒子碰撞器）

盒子碰撞器是一种基本方形碰撞器的原型，可以调整成不同大小的长方体，属性如图 6-5 所示。一般情况下，该碰撞器应用在比较规则的物体上，可以恰好将作用对象的主要部分包裹起来，比如冰箱、门窗、桌子等物体。适当使用该碰撞器可以在一定程度上减少物理计算，

提高游戏性能。

2. Sphere Collider（球体碰撞器）

球体碰撞器是一种基本球形碰撞器的原型，在三维方向均可以调整大小但是不能单独调整一维，属性如图 6-6 所示。该碰撞器主要用于圆形物体，比如篮球、乒乓球、石头等。

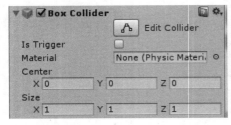

图 6-5　Box Collider 组件

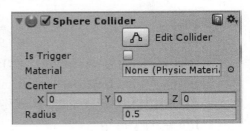

图 6-6　Sphere Collider 组件

3. Capsule Collider（胶囊碰撞器）

胶囊碰撞器是类似胶囊形状的碰撞器，由一个圆柱体和两个上下半球组成，属性如图 6-7 所示。胶囊碰撞器的高度和半径长度均可以单独调节，该碰撞器主要应用于角色控制器或者和其他碰撞器组合使用为不规则的物体添加碰撞器。

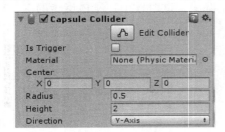

图 6-7　Capsule Collider 组件

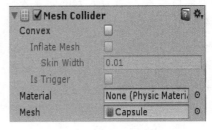

图 6-8　网格碰撞器

4. Mesh Collider（网格碰撞器）

根据模型的面数生成碰撞器的面数，网格碰撞体通过获取网格对象并在其基础上构建碰撞，与在复杂网格模型上使用基本碰撞体相比，网格碰撞体要更加精细，但会占用更多的系统资源。因为 Mesh Collider 的运算是随着形状的复杂度而成长的，所以为了减少运算量，只要勾选 Convex，Unity 就会自动生成一个覆盖原来形状的多边形网格作为碰撞体，属性如图 6-8 所示。

5. Wheel Collider（车轮碰撞器）

车轮碰撞器是一种特殊的碰撞器，该碰撞器包含碰撞检测、车轮物理引擎和基于滑动的轮胎摩擦模型，属性如图 6-9 所示。该碰撞器专门为车辆的轮胎设计，同时也可以应用于其他对象。

6. Terrain Collider（地形碰撞器）

地形碰撞器是主要作用于地形的碰撞器，用于检测地形和地形上物体对象的碰撞，防止地形上加有刚体属性的物体无限制下落，属性如图 6-10 所示。该碰撞器和车轮碰撞器的使用范围类似，是对于特定物体而量身定做的特定形式的碰撞器。

　　介绍完上述 6 种类型的碰撞器后，读者需要了解每种碰撞器的具体属性，其属性列表如 6-2 所示。

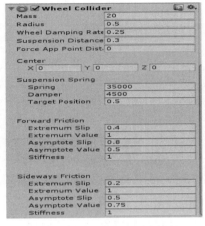

图 6-9　Wheel Collider 组件

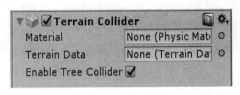

图 6-10　Terrain Collider

表 6-2　碰撞器的参数列表

属性	功能
Is Trigger	勾选该项，该碰撞体可用于触发事件，并将被物理引擎所忽略，碰撞功能失效
Material	用于为碰撞体设置不同的材质
Center	设置碰撞体在对象局部坐标中的位置
Size	碰撞体在 X、Y、Z 方向上的大小
Radius	球体碰撞器的半径大小
Height	胶囊碰撞器圆柱体的高度
Direction	设置在对象的局部坐标中，胶囊体的纵向所对应的坐标轴
Mesh	获取游戏对象的网格并将其作为碰撞体
Wheel Damping Rate	用于设置碰撞体的减震率
Suspension Distance	该项用于设置碰撞体悬挂的最大伸长距离
Suspension Spring	用于设置碰撞体，通过添加弹簧和阻尼外力，使得悬挂达到目标位置
Forward Friction	当轮胎向前滚动时的摩擦力属性
Sidways Friction	当轮胎侧向滚动时的摩擦力属性

6.2.2　碰撞检测

　　触发碰撞的两个条件：① 两个物体都必须带碰撞器；② 其中有一个物体必须带刚体。Unity 会自动执行发生碰撞时的回调方法，只需在脚本里实现下面几个方法，当前碰到的物体信息会通过参数 collision 传递过来。

碰撞检测

void OnCollisionEnter（Collision collision）　　//碰撞开始时回调

void OnCollisionStay（Collision collision）　　//碰撞持续中回调

　　void OnCollisionExit（Collision collision）　　　//碰撞结束时回调

　　下面举例来检测碰撞的发生：

　　（1）新建一个工程 ColliderDemo，保存场景为 Collider，搭建简易场景，如图 6-11 所示。给 Cube 添加刚体（RigidBody）组件。

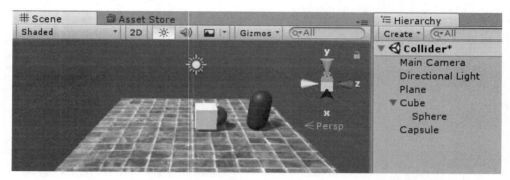

图 6-11　搭建场景

　　（2）新建一个脚本"ColliderTest"，挂载给 Cube，实现通过键盘控制 Cube 的移动，当 Cube 碰撞到 Capsule 时，Capsule 变成红色，碰撞离开后 Capsule 变回蓝色，具体代码如下：

```
public class ColliderTest: MonoBehaviour {
float speedMove = 10;
float rotateSpeed = 30;
void Update()
    {
        float v = Input.GetAxis ("Vertical");
        float h = Input.GetAxis ("Horizontal");
        if (h!=0 ||v!=0)
        {
            transform.Translate (v*Vector3.forward*speedMove*Time.deltaTime,
            Space.Self);
            transform.Rotate (0, h* rotateSpeed*Time.deltaTime, 0, Space.Self);
        }
    }
    void OnCollisionEnter(Collision collision)
    {
        //先判断碰到的物体是不是 Capsule
        if (collision.gameObject.name == "Capsule")
        {
            //从碰撞的物体身上获取模型的渲染组件 MeshRenderer
            MeshRenderer mesh = collision.gameObject.GetComponent<MeshRenderer>();
            //通过渲染组件改变模型的材质球颜色
            mesh.material.color = Color.red;
```

```
        }
    }
    void OnCollisionExit (Collision collision)
    {    //先判断碰到的物体是不是 Capsule
        if (collision.gameObject.name == "Capsule")
        {
            //从碰撞的物体身上获取模型的渲染组件 MeshRenderer
            MeshRenderer mesh = collision.gameObject.GetComponent<MeshRenderer>();
            //通过渲染组件改变模型的材质球颜色
            mesh.material.color = Color.blue;
        }
    }
}
```

6.2.3　触发器

触发器

在 Unity3D 中，检测碰撞发生的方式有两种，一种是利用碰撞体，另一种则是利用触发器（Trigger）。触发器用来触发事件，在很多游戏引擎或工具中都有触发器，如当一个角色走到门口时，播放一段动画等。触发器的工作原理与碰撞器的工作原理相似，只是没有阻挡作用。触发器是一个区域，该区域的形状类型与碰撞器区域的形状类型是相同的。把某个区域设置成触发器区域很简单，只要为该区域添加一个碰撞器，并在碰撞器面板上把 Is Trigger 复选框勾选上即可。

使用触发器的关键在于掌握触发器的三个基于事件触发的函数，需要在脚本里实现下面几个方法（同样也是触发的时候 Unity 自动执行），碰到的物体会通过 collider 参数传递过来。

void OnTriggerEnter（Collider collider）　　//接触开始

void OnTriggerStay（Collider collider）　　　//接触持续中

void OnTriggerExit（Collider collider）　　　//接触结束

下面举例来检测触发器的发生。

（1）打开工程 ColliderDemo，打开场景 Collider，为场景中创建一个 Cylinder，给 Cylinder 添加触发器，因为圆柱体自带 Capsule Collider 胶囊碰撞器，只需将 Is Trigger 的选项打勾即可，如图 6-12 所示。

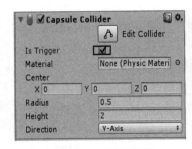

图 6-12　触发器组件

图 6-13　发生触碰前

图 6-14　发生触碰后

（2）修改脚本"ColliderTest"，挂载给 Cube，实现通过键盘控制 Cube 的移动，当 Cube 碰撞到 Cylinder 时，Cylinder 消失。在"Collider Test"脚本中添加如下代码：

```
void OnTriggerEnter (Collider col)
{//如果触发的是 Cylinde
if (col.name == "Cylinder")
    //销毁游戏对象
    Destroy (col.gameObject);
}
```

（3）运行程序，发现当立方体靠近圆柱体的时候，圆柱体立即消失，运行效果如图 6-13 和图 6-14 所示。

6.2.4　射线

射线

在游戏开发过程中，有一个很重要的工作就是进行碰撞检测。例如在射击游戏中检测子弹是否击中敌人，在 RPG 游戏中检测是否捡到装备等。在进行碰撞检测时，最常用的工具就是射线，Unity 3D 的物理引擎也为用户提供了射线类以及相关的函数接口。

射线是在三维世界中从一个点沿一个方向发射的一条无限长的线。在射线的轨迹上，一旦与添加了碰撞器的模型发生碰撞，将停止发射。用户可以利用射线实现子弹击中目标的检测，鼠标点击拾取物体等功能。

创建一条射线 Ray，需要指明射线的起点（origin）和射线的方向（direction），这两个参数也是 Ray 的成员变量。

定义射线函数：

```
public Ray (Vector3 origin, Vector3 direction);
```

射线检测函数：

```
public static bool Raycast (Ray ray, out RaycastHit hitInfo, float maxDistance, int layerMask);
```

ray：射线。

RaycastHit：用于存储发射射线后产生的碰撞信息。常用的成员变量有：

collider——与射线发生碰撞的碰撞器。

distance——从射线起点到射线与碰撞器的交点的距离。

point——射线与碰撞器交点的坐标（Vector3 对象）。

maxDistance：射线的距离（默认无限长）。

layerMask：遮罩（过滤射线，默认所有层都接受射线检测，变量类型为 LayerMask）。

接下来举例讲解射线的使用：

（1）新建一个工程 RayDemo，保存场景"RayTest"。在场景中创建一个 Cube，一个空物体 Coin，在 Coin 容器下创建三个 Sphere，并给三个 Sphere 赋予材质，如图 6-15 所示。

（2）给三个 Sphere 添加标签"Coin"，具体方法在 5.3.3 小节 GameObject 类中已经讲述过，这里就不再赘述。

（3）给三个 Sphere 添加新的层 Coin。在场景中选中 Sphere，点击 Inspector 视图中 Layer 旁的"Default"按钮，在下拉菜单中点击"Add Layer..."，如图 6-16 所示。在弹出的 Tags&Layers

面板中 User Layer8 处输入 "Coin"，如图 6-17 所示。这时在 Layer 的下拉层中就多了 Coin 层，选中场景中的所有 Sphere，点击 Layer 旁的 "Default" → "Coin"，即将场景中的所有球设置为 Coin 层，如图 6-18 所示。

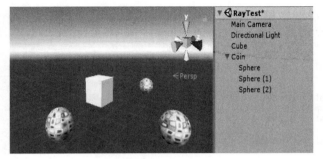

图 6-15　搭建场景

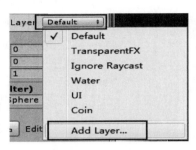

图 6-16　添加新层

图 6-17　添加 Coin 层

图 6-18　设置 Coin 层

（4）创建一个脚本 RayObject，挂载给 Main Camera，实现当鼠标点击 Cube 时，Cube 红黄蓝三种颜色交替换装；实现只有射线碰撞到的物体是 "Coin" 层并且按下鼠标左键的时候才能销毁物体，也就是当射线碰撞到其他层的物体即使鼠标点击左键也不会销毁。即当鼠标点击球的时候，球会销毁，如图 6-15 所示，具体代码如下：

```
public class RayObject: MonoBehaviour {
    int count = 0; //鼠标点击的次数
    private LayerMask mask=(1<<8);//射线遮罩第 8 层
    void Update(){
        //从主摄像机发射一条射线到鼠标位置的点
        Ray myRay = Camera.main.ScreenPointToRay(Input.mousePosition);
        //hit 用来存放射线碰到的物体信息
        RaycastHit hit;
        //检测 100 米内有没有碰到物体，第三个参数可以省略，则默认为无穷远
        // Input.GetMouseButtonDown(0)按下鼠标左键
        If (Physics.Raycast(myRay, out hit, 100)&& Input.GetMouseButtonDown(0))
```

```
        { //定义射线碰到物体的游戏对象
            GameObject myObject = hit.collider.gameObject;
            //获取射线碰到物体身上的渲染组件
            MeshRenderer myMesh=myObject.GetComponent<MeshRenderer>();
            //循环判匹配标点击的次数
            switch(count)
            {
                case 0: count++;break;
                case 1: count++;break;
                case 2: count = 0;break;

            }
        //根据鼠标点击来更改射线碰到物体的颜色
            if (count == 0)
        myMesh.material.color = Color.red;
            if (count == 1)
        myMesh.material.color = Color.yellow;
            if (count == 2)
        myMesh.material.color = Color.blue;
            //绘制射线, myRay.origin：射线起点; hit.poin 射线的终点：射线的方向;
            //Color.red: 射线的颜色;
            Debug.DrawLine(myRay.origin, hit.point, Color.red);
    }
    //100 米只接收 mask 层的射线
    if (Physics.Raycast (myRay, out hit, 100, mask)&& Input.GetMouseButtonDown(0))
    {   //检测碰到的物体标签是 Coin
        if (hit.collider.tag == "Coin")
            //或者 if(hit.collider.CompareTag（"Coin"))这个更加省资源
            //销毁射线碰撞到的物体
            Destroy (hit.collider.gameObject);
    }
  }
}
```

（5）按下[Ctrl+S]，保存场景并运行程序，在 Scene 窗口可以看到 Main Camera 发出的红色射线。

6.2.5　综合案例

（1）新建一个工程 TankDemo，保存场景 TankGame，导入 Tank 模型资源。在 Hierarchy 视图中创建一个 Plane 作为地板，创建一个空物体 Floor，在 Floor 里创建四堵墙（Create Cube），调整到适当的位置，并赋予它们不同的颜色材质。将 Project 视图中坦克的预制体"Tank"→"Models"→"Tank"拖到场景中，如图 6-19 所示。

坦克

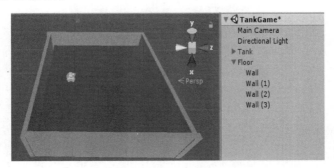

图 6-19　搭建场景

（2）创建脚本 Move，挂载给 Tank，实现用键盘方向键和 W、S、A、D 键控制坦克的前进后退和左右旋转，具体代码如下：

```
public class Move: MonoBehaviour {
    public float moveSpeed = 10; //坦克移动的速度
    public float rotateSpeed = 60; //坦克旋转速度
    void Update(){
        //获取用户按键输入，水平方向 A、D 键的输入
        float h = Input.GetAxis("Horizontal");
        //垂直方向 W、S 键的输入
        float v = Input.GetAxis("Vertical");
        //判断 h 或 v 不等于 0，表示用户有按键操作
        if(h!=0 || v!=0)
        {
            //控制坦克移动 Translate 方法，参数 1：移动的方向和大小，参数 2：移
            //动参考的坐标系
            transform.Translate(Vector3.forward*moveSpeed*Time.deltaTime* v, Space.Self);
            //控制坦克旋转通过 Rotate 方法，参数 1：X 轴的旋转角度；参数 2：Y 轴
            //的旋转角度；参数 3：Z 轴旋转角度；参数 4：参考坐标系
                transform.Rotate(0, h*rotateSpeed*Time.deltaTime, 0, Space.Self);
        }
    }
}
```

（3）给坦克添加刚体组件和碰撞器，防止坦克穿墙。如果给父节点 Tank 加网格碰撞组件

Mesh Collider，会发现碰撞器关联的网格为空（见图 6-20），那么碰撞器就不起作用了。因为，坦克的模型被拆分了，比如单独选中盖子，单独加网格碰撞器，则会自动寻找盖子的模型添加网格，如图 6-21 所示；身子也是一样，会自动寻找网格。这里就不用网格碰撞器，Hirearchy 视图中选中 Tank，添加盒子碰撞组件 BoxCollider，减少了计算量。点击盒子碰撞组件的调整按钮 ，让它包围整个坦克，当然不能碰到地面，否则会跟地面碰撞。

图 6-20　Tank 的 Mesh Collider 组件

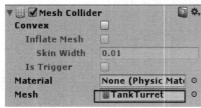

图 6-21　TankTurret 坦克头网格碰撞组件

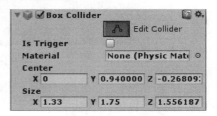

图 6-22　调整 Tank 盒子碰撞器大小

（4）给场景添加自转道具，当坦克碰到道具，道具会自动销毁。在 Hierarchy 视图中创建空物体 CoinObject，在 CoinObject 下创建一个 Cube，重命名为 Coin，调整它的位置。新建一个脚本 Coin，挂载给道具 Coin，具体代码如下：

```
public class Coin: MonoBehaviour {
    public float rotateSpeed = 90; //旋转速度
    void Update()
    {//绕着自身 Y 轴自转
        transform.Rotate(0, Time.deltaTime* rotateSpeed, 0, Space.Self);
    }
    //碰撞检测函数
    void OnCollisionEnter(Collision col)
    {    //判断碰到的物体是不是坦克
        if(col.gameObject.name =="Tank")
        {    //销毁自身
            Destroy(gameObject);
        }
    }
}
```

调试程序时发现坦克开过去，道具 Coin 销毁掉，对象窗口的 Coin 对象也被销毁。在 Project 视图中新建文件夹 Prefabs，将 Hierarchy 视图中 Coin 游戏对象拖到该文件夹中，形成预制体

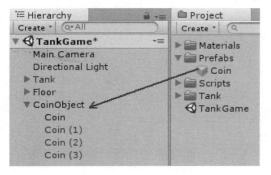。预制体可以理解为一个游戏对象及组件的集合，目的是使游戏对象及资源能够被重复使用。再把预制体拖到 Hierarchy 视图中的 CoinObject 空物体下，形成一样功能的道具，调整它们在场景中的位置，会发现预制体拖动过来的道具是蓝色，如图 6-23 所示。

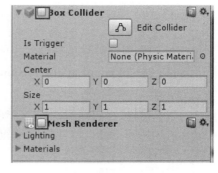

图 6-23　生成道具　　　　　　　　　　图 6-24　子弹发射的组件设置

（5）为了得到更好的视觉效果，新建脚本"Follow"，挂载在 Main Camera 上，实现摄像机的跟随效果，具体代码如下：

```
public class Follow: MonoBehaviour {
    public float smoothSpeed = 10;//相机平滑速度
    public Transform tankTrans; //坦克的 Transform, 在窗口中把坦克拖给这个变量
    private Vector3 offset;         //相机跟坦克的偏移(相对位置)
    // Use this for initialization
    void Start(){
        //在游戏开始时先存储相机跟坦克的相对位置
        offset = transform.position-tankTrans.position;
    }
    void Update(){
        //更新相机位置：坦克的位置+偏移量 offset
        //transform.position = tankTrans.position + offset;
        //插值: 起点 = Vector3.Lerp(起点, 终点, 百分比), 每次返回的值是(终→起)*百分比再赋值给：起点
        transform.position = Vector3.Lerp(transform.position, tankTrans.position + offset, Time.deltaTime* smoothSpeed);
    }
}
```

（6）制作炮弹。在 Hierarchy 视图中 Tank 对象下，创建一个 Cube，重命名为 FirePoint，把 FirePoint 调整到炮口的位置，同时把它的渲染组件取消（隐藏 Cube），盒子碰撞器也取消（以免和子弹发生碰撞），把这个位置作为炮弹生成的起始位置，如图 6-24 所示。

制作炮弹。创建一个胶囊体 Fire，给 Fire 添加刚体组件（RigidBody），以及添加盒子碰撞器 Box Collider，并调整它的大小。创建一个脚本 Fire，挂载给炮弹 Fire，实现当炮弹射击到道具 Coin 时，道具消失，如果没有射中道具，2 s 后自我销毁。具体代码如下：

```
public class Fire: MonoBehaviour {
    void Start(){
        //延迟 2 s 销毁
        Destroy(gameObject, 2f);
    }
    //检测谁跟炮弹发生碰撞
    void OnCollisionEnter(Collision col)
    {
        //判断碰到的物体标签 Tag 是不是 Coin
        if(col.collider.CompareTag("Coin"))
        {
            //销毁自身
            Destroy(gameObject);
        }
    }
}
```

把炮弹 Fire 拖到 Project 视图中，形成炮弹预制体，然后把 Hirearchy 视图中的 Fire 物体删除。此时修改脚本"Coin"如下：

```
public class Coin: MonoBehaviour {
    public float rotateSpeed = 90; //旋转速度
    void Start()
    {
        Destroy(gameObject, 5.0f);
    }
    void Update(){
        //绕着自身 Y 轴自转
        transform.Rotate(0, Time.deltaTime* rotateSpeed, 0, Space.Self);
    }
    //碰撞检测函数
    void OnCollisionEnter(Collision col)
    {
        //判断碰到的物体是不是坦克
        if(col.gameObject.name =="Tank"|| col.gameObject.name == "Fire(Clone)")
        {
            //销毁自身
            Destroy(gameObject);
        }
    }
}
```

（7）制作炮弹射击功能。先给坦克添加射击音效。给坦克添加 Audio Source 组件，把 Project 视图中"Tank"→"Music"→"SheellExplosion"声音文件拖给 AudioClip，取消勾选 Loop（循环播放）和 Play On Awake（自动播放），这样这个组件里就有了射击的声音，如图 6-25 所示。

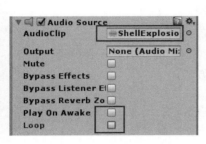

图 6-25　给 Tank 添加声音组件

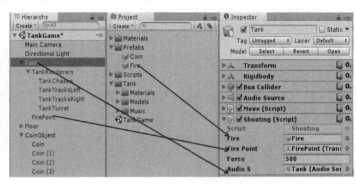

图 6-26　参数赋值

新建一个脚本"Shooting"，挂载给 Tank，实现当按下空格键时坦克发射炮弹，并伴有音效，Inspector 视图中各参数的赋值如图 6-26 所示，具体代码如下：

```
public class Shooting: MonoBehaviour {
    public GameObject fire; //炮弹的预制体
    public Transform firePoint; //炮弹的起始位置
    public float force = 500; //施加在炮弹身上的力
    public AudioSource audios; //声音组件
    void Update(){
        //检测空格键是否按下
        if(Input.GetKeyDown(KeyCode.Space))
        {
            //播放射击音效
            audioS.Play();
            //创建物体的方法 GameObject.Instantiate；参数 1：要生成物体的预制
            //体；参数 2：物体生成的位置；参数 3：物体生成后的旋转角度
            GameObject go = GameObject.Instantiate (fire, firePoint.position, firePoint.
             transform.rotation);
            //从炮弹身上获取刚体组件
            Rigidbody rig = go.GetComponent<Rigidbody>();
            if(rig)
            {
                //通过 AddForce 方法给刚体加力
                rig.AddRelativeForce(Vector3.forward * force);
            }
        }
    }
```

（8）随机生成道具。首先要测量道具生成的范围，创建一个用于测量的 Cube，在围墙内拖动 Cube，在属性窗口看 Z 轴和 X 轴的范围，并记录下来；接着新建一个空物体 BornCoin，创建脚本"BornCoin"，挂载给空物体 BornCoin，具体代码如下：

```
public class BornCoin: MonoBehaviour {
    public GameObject coin; //硬币的预制体
    // Use this for initialization
    void Start(){
            // InvokeRepeating(参数 1 为调用方法的名字，游戏启动 5 秒(参数 2)
            后，每隔 2 秒(参数 3)会自动调用 Born 方法)
            InvokeRepeating("Born", 5.0f, 2.0f);
    }
    //随机生成硬币的方法
    void Born()
    {
        //for 循环两次
        for(int i=0;i<2;i++)
        {
            //生成随机数方法 Random.Range，生成硬币创建的位置
            float x = Random.Range(-9.0f, 16.0f);
            float z = Random.Range(-16.0f, 9.0f);
            //生成硬币的位置
            Vector3 coinPos = new Vector3(x, 1.2f, z);
            //创建物体的方法：GameObject.Instantiate(参数 1：要创建的物体的预
            //制体，参数 2：生成的位置，参数 3：生成的物体的旋转角度)
            GameObject.Instantiate(coin, coinPos, coin.transform.rotation);
        }
    }
}
```

（9）按下[Ctrl+S]，保存场景。

6.3　布料

布料（动画）

布料是 Unity3D 中一种特殊的组件，它可以随意变换成各种形状，例如桌布，旗帜，窗帘等。布料系统，包括交互布料与蒙皮布料两种形式，为游戏开发者提供了一个稳定的角色布料解决方式。执行菜单栏中的"Component"→"Physics"→"Colth"，为指定游戏对象添加布料组件，添加完成后 Inspector 视图中会同时出现两个组件 Cloth 和 Skinned Mesh Renderer，如图 6-27 所示，其相应的属性列表，如表 6-3 和表 6-4 所示。

表 6-27　Cloth 组件

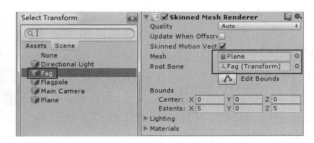

图 6-28　设置参数

表 6-3　Cloth 属性列表

属性	功能
Stretching Stiffness	布料的韧度，其值在区间（0，1]之内，表示布料的可拉伸程度
Bending Stiffness	布料的硬度，其值在区间（0，1]之内，表示布料的可弯曲程度
Use Techers	是否对布料进行约束，以防止其出现过度不合理的偏移
Use Gravity	是否使用重力
Damping	该布料的运动阻尼系数，取值区间为（0，1]
External Acceleration	外部加速度，相当于对物料施加一个常量力，可以模拟随风扬起的旗帜
Random Acceleration	随机加速度，相当于对物料施加一个变量力，可以模拟随强风鼓动的旗帜
World Velocity Scale	世界坐标系下的速度缩放比例，原速度经过缩放后成为实际速度
World Acceleration Scale	世界坐标系下的加速度缩放比例，原加速度经过缩放后成为实际加速度
Friction	物料相对于角色的摩擦力
Collision Mass Scale	碰撞质量缩放
Use Virtual Particles	是否使用连续碰撞模式
Solver Frequency	计算频率，即每秒的计算次数，应权衡性能和精度对该值进行设置
Sleep Threshold	休眠阈值
Capsule Colliders	可与布料产生碰撞的胶囊碰撞器个数，并在下方进行指定
Sphere Colliders	可与布料产生碰撞的球体碰撞器个数，并在下方进行指定

表 6-4　Skinned Mesh Renderer 的属性列表

属性	功能
Quality	品质，可以影响任何给定顶点的最大骨骼数量
Update When Offscreen	在屏幕之外的部分是否随帧进行物理模拟计算
Skinned Motion Vector	蒙皮运动矢量
Mesh	该渲染器指定的网格对象，通过修改该对象可以设置不同形状的网格
Root Bone	根骨头
Bounds	蒙皮网格屏幕外使用的范围
Lighting	光照设置
Materials	为该对象指定材质

接下来使用该组件来制作红旗飘扬的效果。

（1）打开 ClothDemo 工程中的场景 Cloth，场景中有一个地板和一根旗杆。

（2）在 Hierarchy 视图中旗杆下创建一个空物体，命名为"Flag"，为其添加 flag 的纹理图。点击菜单栏"Component"→"Physics"→"Cloth"，为 Flag 添加布料组件，并调整其大小和位置使之在旗杆上。

（3）点击 Skinned Mesh Renderer 组件中 Mesh 参数旁边的 ⊙ 按钮，在弹出的 Select Mesh 面板中选择 Plane 作为它的网格对象。点击 Skinned Mesh Renderer 组件中 Root Bone 参数旁边的 ⊙ 按钮，在弹出的 Select Transform 面板中选择 Fag 游戏对象，如图 6-28 所示。

（4）点击 Cloth 组件中 Edit Constraints 左边的 ♫ 编辑按钮，这时在 Scene 视图中跳出 Cloth Constraints 面板。采用框选方式，选中旗帜最左边的一列点，并将 Max Distance 属性设置为 0，也就意味着这一列的点是不可移动的，如图 6-29 所示。利用这种方法将其他点的 Max Distance 设置为 100。为实现旗帜随风飘扬的效果，设置 Cloth 组件下的 External Acceleration、Random Acceleration 参数，如表 6-5 所示。

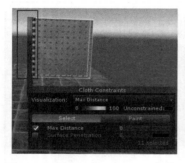
图 6-29　设置 Max Distance 参数

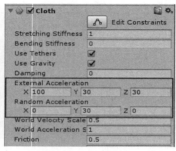
图 6-30　设置风力

图 6-31　国旗飘扬效果

（5）运行游戏，可以看到红旗随风飘扬，按下[Ctrl+S]，保存场景。

6.4　关节

关节（动画）

在 Unity3D 中，物理引擎内置的关节组件，能够使游戏对象模拟具有关节形式的连带运动。关节对象可以添加至多个游戏对象中，添加了关节的游戏对象，将通过关节连接在一起，并具有连带的物理效应。需要注意的是，关节组件的使用必需依赖刚体组件。在 Unity3D 中，关节包括铰链关节（Hinge Joint）、固定关节（Fixed Joint）、弹簧关节（Spring Joint）等作用于物体对象间的关节。通过关节组装可以轻松地实现人体、机车等游戏模型的模拟。

6.4.1　铰链关节

铰链关节

在 Unity3D 基本关节中，铰链关节是用途十分广泛的一种，利用铰链关节可以制作门、风车甚至是机动车的模型，铰链关节是将两个刚体链接在一起并在两者之间产生铰链的效果。铰链关节的创建，单击菜单栏"Component"→"Physics"→"HingeJoint"菜单，关节的参数如表 6-5 所示。

表 6-5　铰链关节属性列表

属性	功能
Connected Body	指定关节要连接的刚体
Anchor	设置应用于局部坐标的刚体所围绕的摆动点
Axis	定义应用于局部坐标的刚体摆动的方向
Auto Configure Connect	自动配置连接锚
Use Sprint	用于勾选使用弹簧选项后的参数设定
Motor	用于勾选使用马达选项后的参数设定
Use Limits	限制铰链的角度
Break Force	设置断开铰链关节所需要的力
Break Torque	设置断开铰链关节所需的转矩
Enable Collision	使连接在一起的物体碰撞
Enable Preprocessing	禁用关节预处理有助于稳定不可能完成的配置

铰链关节的工作原理是使得两个被连接的钢体能够绕着某一个锚点方向进行旋转，可以用于模拟旋转门、钟摆、铁链等物理现象，下面的例子展示如何使用铰链关节。

（1）创建一个工程 JointDemo，保存场景 Joint，场景中创建一个空对象 DoorObject，在空对象下创建一个 Cube，重命名为 Door；创建一个 Cylinder，重命名为 DoorFrame，给它们赋予材质，如图 6-32 所示。

图 6-32　搭建场景

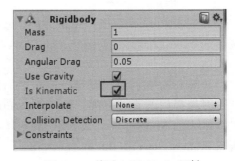

图 6-33　修改 RigidBody 属性

（2）选择 Door 游戏对象，给它添加一个刚体组件（RigidBody），保持它属性的默认值不变。

（3）选择 DoorFrame 游戏对象，为它添加一个刚体组件（RigidBody），并把该组件的 Is Kinematic 属性勾上，使它具有刚体属性但又不会受到外力的影响，如图 6-33 所示。再单击菜单栏"Component"→"Physics"→"HingeJoint"添加铰链关节。这时在 Scene 窗口中观察 DoorFrame，会发现有一个橘黄色的箭头标志，该标记就是铰链的旋转锚点和旋转中心点的标记，如图 6-34 所示。

（4）设置 Hinge Joint 中轴向 Axis 为（0，1，0），使得旋转轴朝着对象 Y 轴的正方向，设置锚点 Anchor 位置，使得锚点位于门框中部。如图 6-35 所示。

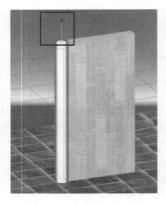
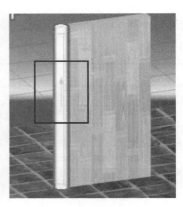

图 6-34　锚点位置　　　　图 6-35　设置旋转轴向　　　　图 6-36　设置旋转锚点

（5）点击 Hinge Joint 组件中 Connected Body 右边的 ⊙ 按钮，在弹出的 Select RigidBody 面板中旋转 Door 游戏对象，完成了 DoorFrame 对象和 Door 对象的连接，如图 6-37 所示。

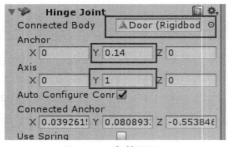

图 6-37　参数设置

图 6-38　添加角色

（6）右击 Project 视图 "Import Package" → "Characters"，导入角色资源，把第三人称的预制体 Standard Assets→ThirdPersonCharacter→Prefabs→ThirdPersonController 拖到 Scene 窗口中，如图 6-38 所示。

（7）运行游戏，通过键盘控制角色的前进旋转，当角色碰到门时，门便绕着门框旋转起来。这时选择门的旋转范围，选择 DoorFrame 对象，在 Hinge Joint 组件中勾选 Use Limits，并设置最小值 Min 为-90，最大值 Max 为 90，如图 6-39 所示。再次运行游戏，此时门的活动范围就只能在-90 度到 90 度之间活动。

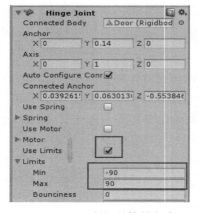

图 6-39　限制门的旋转角度

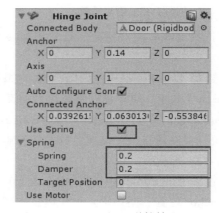

图 6-40　设置弹簧效果

（8）设置门的弹簧属性。在 Hinge Joint 组件中勾选选项 Use Spring，设置弹簧系数 Spring 属性值为 0.2，阻尼 Damper 为 0.2，如图 6-40 所示。运行程序，当角色碰到门时门会被推开，当角色离开时门会因为受到弹力的作用回到原来的位置上。

（9）按下[Ctrl+S]，保存场景。

6.4.2　固定关节

在 Unity3D 中，用于约束指定游戏对象，对另一个游戏对象运动的组件叫做固定关节组件，它的效果与父子关系的游戏对象一样，子物体运动也会继承父物体的运动方式，只是固定关节是通过物理引擎来模拟的，其参数如表 6-6 所示。

固定关节

表 6-6　固定关节属性列表

属性	功能
Connected Body	指定关节要连接的刚体
Break Force	设置断开铰链关节所需要的力
Break Torque	设置断开铰链关节所需的转矩
Enable Collision	使连接在一起的物体碰撞
Enable Preprocessing	禁用关节预处理有助于稳定不可能完成的配置

接下来，使用固定关节来开发一个简单的案例。

（1）打开工程 JointDemo，打开场景 Joint，在场景中创建一个 Cube 和一个 Sphere，调整它们的位置，并赋予纹理图，如图 6-41 所示。给这两个游戏对象都添加刚体 RigidBody 组件，都去掉勾选 Use Gravity，如图 6-42 所示。

图 6-41　搭建场景

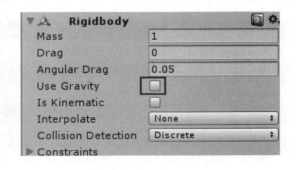

图 6-42　刚体组件属性设置

（2）选中场景中的 Cube，点击菜单栏"Component"→"Physics"→"FixedJoint"添加固定关节 Fixed Joint。点击 Fixed Joint 组件中 Connected Body 右边的 ⊙ 按钮，在弹出的 Select RigidBody 面板中选中 Sphere 游戏对象，完成 Cube 对象和 Sphere 对象的连接，如图 6-43 所示。

图 6-43　添加连接体　　　　　　　　　　图 6-44　程序运行效果

（3）创建一个脚本"FixedTest"，挂载给 Cube，具体代码如下：

```
public class FixedTest: MonoBehaviour {
    Rigidbody body;//定义刚体对象
    void Start()
            {//获取游戏对象的刚体组件
            body = transform.GetComponent<Rigidbody>();
            //给刚体一个 Z 轴方向的力
body.AddForce(new Vector3(0, 0, 20));
    }
}
```

（4）运行游戏，会发现 Cube 被施加力后运动起来，Sphere 也跟着动起来，且两者之间的距离和姿态并没有发生变化，如图 6-44 所示。

6.4.3　弹簧关节

弹簧关节将两个刚体束缚在一起，使两者之间好像有一个弹簧连接在一起。具体使用时，执行菜单栏"Component"→"Physics"→"Spring Joint"命令，弹簧关节的具体属性如表 6-7 所示。

表 6-7　弹簧关节属性列表

属性	功能
Connected Body	指定关节要连接的刚体
Anchor	设置应用于局部坐标的刚体所围绕的摆动点
Auto Configure Connect	自动配置连接锚点
Connected Anchor	配置连接锚点
Spring	表示弹簧的劲度系数，此值越高，弹簧的弹性效果越强
Damper	阻尼值越高，弹簧减速越快
Min Distance	弹簧两端最小距离
Max Distance	弹簧两端最大距离
Tolerance	容差
Break Force	设置断开弹簧关节所需要的力
Break Torque	设置断开弹簧关节所需的转矩
Enable Collision	使连接在一起的物体碰撞
Enable Preprocessing	禁用关节预处理有助于稳定不可能完成的配置

通过学习弹簧关节的基础知识，读者可以了解到弹簧关节和固定关节的性质是一样的，都是对两个物体的简单连接，无非一种是通过固定的形式连接，而另一种则是通过弹簧的形式连接。

6.4.4　角色关节

在 Unity3D 中，角色关节主要用于表现布偶效果的关节组件。具体使用时，执行菜单栏"Component"→"Physics"→"Character Joint"命令，其参数如表 6-8 所示。

表 6-8　角色关节属性列表

属性	功能
Connected Body	指定关节要连接的刚体
Anchor	设置应用于局部坐标的刚体所围绕的摆动点
Axis	角色关节的扭动轴
Auto Configure Connect	自动配置连接锚点
Connected Anchor	配置连接锚点
Swing Axis	角色关节的摆动轴
Twist Limit Spring	设置角色关节扭曲的弹力
Low Twist Limit	设置角色关节扭曲的下限
High Twist Limit	设置角色关节扭曲的上限
Swing1 Limit	设置摆动限制
Swing2 Limit	设置摆动限制
Enable Projection	启用投影
Projection Distance	投影距离
Projection Angle	投影角度
Break Force	设置断开弹簧关节所需要的力
Break Torque	设置断开弹簧关节所需的转矩
Enable Collision	使连接在一起的物体碰撞
Enable Preprocessing	禁用关节预处理有助于稳定不可能完成的配置

6.4.5　可配置关节

可配置关节是可定制的，可配置关节将 PhysX 引擎中所有与关节相关的属性都设置为可配置的，因此可以用此组件创造出与其他关节类型行为相似的组件，正是由于其灵活性，也造成了其复杂性。具体使用时，执行菜单栏"Component"→"Physics"→"Configurable Joint"命令，其属性如表 6-9 所示。

表 6-9　可配置关节属性列表

属性	功能
Connected Body	指定关节要连接的刚体
Anchor	设置关节的中心点
Axis	设置关节的局部旋转轴
Auto Configure Connect	自动配置连接锚点
Secondary Axis	设置角色关节的摆动轴
X Motion	设置游戏对象基于 X 轴的移动方式
Y Motion	设置游戏对象基于 Y 轴的移动方式
Z Motion	设置游戏对象基于 Z 轴的移动方式
Angular X Motion	设置游戏对象基于 X 轴的旋转方式
Angular Y Motion	设置游戏对象基于 Y 轴的旋转方式
Angular Z Motion	设置游戏对象基于 Z 轴的旋转方式
Linear Limit	以其关节原点为起点的距离对齐运动边界进行限制的设置
Low Angular X Limit	设置基于 X 轴关节初始旋转差值的旋转约束下限
High Angular X Limit	设置基于 X 轴关节初始旋转差值的旋转约束上限
Angular YZ Limit Spring	设置基于 Y、Z 轴关节初始旋转插值的旋转约束
Angular Y Limit	设置基于 Y 轴关节初始旋转插值的旋转约束
Angular Z Limit	设置基于 Z 轴关节初始旋转插值的旋转约束
X Drive	设置对象沿局部坐标系 X 轴的运动形式
Y Drive	设置对象沿局部坐标系 Y 轴的运动形式
Z Drive	设置对象沿局部坐标系 Z 轴的运动形式
Target Rotation	设置关节旋转到目标的角度值
Angular X Drive	设置关节围绕 X 轴进行旋转的方式
Angular YZ Drive	设置关节围绕 Y、Z 轴进行旋转的方式
Slerp Drive	设定关节围绕局部所有的坐标轴进行旋转的方式
Projection Mode	设置对象远离其限制位置使其返回的模式
Projection Distance	在对象与其刚体连接的角度差超过投影距离时使其回到适当的位置
Projection Angle	在对象与其刚体连接的角度差超过投影角度时使其回到适当的位置
Configured In World Space	将目标相关数值都置于世界坐标中进行计算
Swap Bodies	将两个刚体进行交换
Break Force	设置断开关节所需要的力
Break Torque	设置断开关节所需的转矩
Enable Collision	使连接在一起的物体碰撞
Enable Preprocessing	禁用关节预处理有助于稳定不可能完成的配置

6.5　本章小结

本章主要对 Unity3D 物理引擎的使用方法做了介绍，阐述了目前 Unity3D 在游戏开发方面常用的物理元素的使用方法，包括刚体的添加、碰撞器的添加、射线的使用，通过一个完整的实例讲解了利用 Unity3D 物理引擎设计游戏的方法。本章还介绍了连接刚体的物理关节，包括铰链关、固定关节、弹簧关节、角色关节和可配置关节，可以使用它们来模拟多个刚体的连接方式。

第7章 动画系统

动画是游戏开发中必不可少的环节，游戏场景中角色的行走、跑步、弹跳以及机关的打开等这些都离不开动画技术的应用。Mecanim 是 Unity 一个丰富且精密的动画系统，它的特点如下：

（1）为人型角色提供简易的工作流和动画创建能力。

（2）动画重定向，即把动画从一个角色模型的动画应用到另一个角色模型上。

（3）简化工作流程以调整动画片段。

（4）方便预览动画片段，在片段之间转换和交互。

（5）使用可视化编程工具管理动画之间复杂的交互。

（6）对身体不同部位用不同逻辑进行动画控制。

7.1 Avatar 的创建与配置

Avatar 的创建与配置

Mecanim 动画系统适合人形角色动画的制作，人形骨架是在游戏中普遍采用的一种骨架结构。Unity3D 为其提供了一个特殊的工作流和一整套扩展的工具集。由于人形骨架在骨骼结构上的相似性，用户可以将动画效果从一个人形骨架映射到另一个人形骨架，从而实现动画重定向功能。除了极少数情况之外，人物模型均具有相同的基本结构，即头部、躯干、四肢等。Mecanim 动画系统正是利用这一点来简化骨架绑定和动画控制过程，创建模型动画的一个基本步骤就是建立一个从 Mecanim 动画系统的简化人形骨架到用户实际提供的骨架的映射，这种映射关系称为 Avatar。

7.1.1 创建 Avatar

新建一个工程 AnitionDemo，保存场景 Ani，在场景中导入角色动画模型资源 chan Model.unitypackage。在 Project 视图中选择"UnityChan"→"Models"文件夹下的 unitychan 模型，然后在 Inspector 视图中 unitychan Import Settings 面板中的 Rig 选项下指定角色动画模型的动画类型。Unity 3D Mecanim 动画系统为非人形动画提供了两个选项：Legacy（旧版动画类型）和 Generic（一般动画类型）。旧版动画使用 Unity4.0 版本前推出的动画系统，一般动画仍可由 Mecanim 系统导入，但无法使用人形动画的专有功能；Humanoid 为人形动画。这里给 unitychan 模型选择 Humanoid 动画类型，然后单击"Apply"按钮，与 Mecanim 系统内嵌的骨架结构进行匹配。在多数情况下，这一步骤可以由 Mecanim 系统通过分析骨架的关联性而自动完成。如果匹配成功，可以看到在"Configure..."按钮左边出现了一个"√"号，如图 7-1 所示。

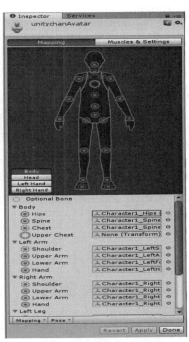

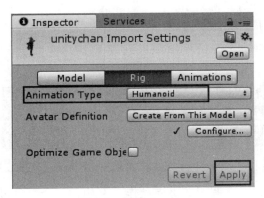

图 7-1　创建 Avatar

图 7-2　Mapping 面板

7.1.2　配置 Avatar

Unity3D 中的 Avatar 是 Mecanim 动画系统极为重要的模块，正确地设置 Avatar 非常重要。不管 Avatar 的自动创建过程是否成功，用户都需要到 Configure Avatar 界面确认 Avatar 的有效性，即确认用户提供的骨骼结构与 Mecanim 预定义的骨骼结构已经正确地匹配起来，并已经处于 T 形姿态。

在 Project 视图中选择"UnityChan"→"Models"文件夹下的 unitychan 模型，然后在 Inspector 视图的 unitychan Import Settings 面板中单击"Configure..."按钮后，编辑器会要求保存当前场景，点击确认之后进入"Mapping..."设置界面，如图 7-2 所示。Scene 视图将用于显示当前模型的骨骼、肌肉和动画信息，而不再被用来显示游戏场景，如图 7-3 所示。

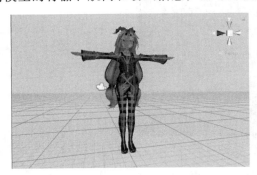

图 7-3　Mapping 模式下的 Scene 窗口

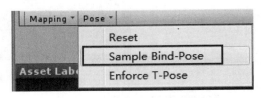

图 7-4　设置初始姿态

在 Avatar 的配置面板中,实线圆圈表示的是 Avatar 必须匹配的,而虚线圆圈表示的是可选匹配的,可选匹配骨骼的运动会根据必须匹配骨骼的状态来自动插值计算。如果无法为模型找到合适的匹配,用户也可以通过以下方法来进行手动配置。

(1)单击"Pose"→"Sample Bind-Pose",得到模型的原始姿态,如图 7-4 所示。

(2)单击"Mapping"→"Automap",基于原始姿态创建一个骨骼映射,如图 7-5 所示。

如果自动映射的过程失败,用户可以通过从 Scene 视图或者 Hierarchy 视图中拖动骨骼并指定骨骼。如果 Mecanim 认为骨骼匹配,将在 Avatar 面板中以绿色显示,否则以红色显示。

(3)单击"Pose"→"Enforce T-Pose",强制模型贴近 T 形姿态,即动画 Mecanim 的默认姿态。确定骨骼配置正确之后,Mapping 面板下点击"Apply"按钮对配置进行应用,最后点击"Done"按钮,完成手动配置,此时会退出骨骼匹配模式,回到原来的场景中。

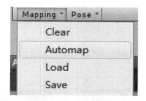

图 7-5　自动映射

7.2　动画状态机

动画状态机 1　　　动画状态机 2　　　动画状态机 3

一个角色常常拥有多个可以在游戏中不同状态下调用的不同动作。例如,一个角色可以在等待时作揖,在得到命令时行走,从一个平台掉落时摔倒等。当这些动画回放时,使用脚本控制角色的动作是一个复杂的工作,Mecanim 动画系统借助动画状态机可以很简单地控制和序列化角色动画。

状态机对于动画的重要性在于它们可以很简单地通过较少的代码完成设计和更新,每个状态都有一个当前状态机在那个状态下将要播放的动作集合。这使动画师和设计师不必使用代码定义可能的角色动画和动作序列。

Mecanim 动画状态机提供了一种可以预览某个独立角色的所有相关动画剪辑集合的方式,并且允许在游戏中通过不同的事件触发不同的动作。动画状态机可以通过动画状态机窗口进行设置,如图 7-6 所示。

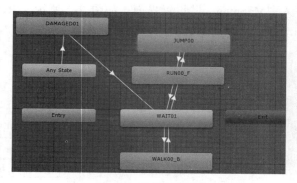

图 7-6　动画状态机

动画状态机之间的箭头标示两个动画之间的连接,过渡条件用于实现各个动画片段之间的逻辑，开发人员通过控制过渡条件可以实现动画的控制。要对过渡条件进行控制，就需要设置过渡条件参数，Mecanim动画系统支持的过渡条件参数有Float、Int、Bool和Trigger 4种。

　　状态机的基本思想是使角色在某一个给定时刻进行一个特定的动作，常用的动作有待机、走路、跑步、攻击和跳跃等，其中每一个动作被称为一种状态。一般来说，角色从一个状态立即切换到另外一个状态是需要一定限制条件的，即状态过渡条件。总之，将状态集合、状态过渡条件以及记录当前状态的变量放在一起，就组成了一个最简单的状态机。

　　（1）打开工程AnimationDemo，打开场景Ani，导入资源Teddy.unitypackage。在场景中创建一个Plane，把Plane放大3倍，即Scale属性设置为（3，1，3），并在场景中拖入unitychan和Teddy模型，如图7-7所示，并配置模型的Avatar。

图7-7　搭建场景

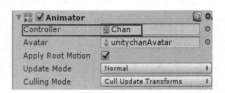

图7-8　设置动画组件属性

　　（2）创建动画状态机。Animator Controller是用来配置和储存动画状态，在Project视图中点击"Create"→"Animator Controller"命令，更名为"Chan"。在Hierarchy视图中选择unitychan游戏对象，将动画状态机Chan赋值给该游戏对象的Animator组件的Controller属性，如图7-8所示。Animator组件的具体参数如表7-1所示。

表7-1　Animator参数列表

参数	功能
Controller	关联到该角色的Animator Controller，即整合的动画片段状态机
Avatar	使用的Avatar文件，可以理解为Avater是模型骨骼的映射文件
Apply Root Motion	使用动画本身还是使用脚本来控制角色的位置，有些动画是自带位移的
Update Mode	动画的更新模式
Culling Mode	动画的裁剪模式。Always Animate：表示即使摄像机看不见也要进行动画播放的更新；Cull Update Transform：表示摄像机看不见时停止动画播放但是位置会继续更新；Cull Completely：表示摄像机看不见时停止动画的所有更新

　　双击动画状态机Chan，进入状态机，新创建Animator Control都会自带3种动画状态。

　　Any State（任意状态）：是一个始终存在的特殊状态。它被应用于不管角色当前处于何种状态，都可以从当前状态进入另外一个指定状态的情形，这是一种为所有动画状态添加公共出口状态的便捷方法。

　　Entry（入口）：动画状态机的入口，当游戏启动时，会自动切换到Entry的下一个状态；第一个拖到Animator视图的动画状态会默认连接到Entry上。可以在Animator视图通过右键动画状态"Set as Layer Default State"来更改其他Entry的过渡动画。

　　Exit（退出）：退出当前动画状态机。

添加新的动画状态，可以在 Animator 视图的空白处右击，依次选择"Create State"→"Empty"命令，也可以将 Project 视图中的动画拖入 Animator 视图中，从而创建一个包含该动画片段的动画状态。

在 Project 视图中，将"UnityChan"→"Animations"文件夹下的 unitychan_WAIT01 预制体下的 WAIT01 动作，拖入状态机，如图 7-9 所示。此时运行程序，会发现人物动起来了。

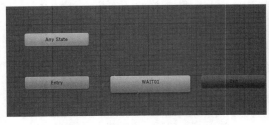

图 7-9　设置状态机初始动画

图 7-10　动画过渡

（3）设置 Animation Transitions（动画过渡）。动画过渡是指由一个动画状态过渡到另外一个时发生的行为事件。需要注意的是，在一个特定时刻，只能进行一个动画过渡。两个动画的过渡连线可以在 Animator 视图里，鼠标右击其中一个动画，选择"Make Transition"，把线连到另一个动画状态上，点击两个动画状态之前的过渡线，在 Inspector 视图窗口，可以查看过渡的属性。

在 Chan 状态机中再拖入 RUN00_F 向前跑的动画，右击"WAIT01"→"Make Transition"→"RUN00_F"，同时添加动作返回的过渡，右击"RUN00_F"→"Make Transition"→"WAIT01"，如图 7-10 所示。运行程序，观察状态机会发现，人物执行完站立的动作后，执行向前跑的动作，跑的动作执行完之后又返回执行站立的动作。

（4）使用代码控制角色的动画。用代码控制角色的动画，每种动画状态的转移，都是在一定的条件下被触发的。在默认情况下，它是通过设置该动画播放到某个位置上时触发下一个动画，在 Animator 窗口中任意选择一个 Transition 箭头，在 Inspector 窗口中可以看到动画转移的属性设置，如图 7-11 所示。

Transitions：当前状态的过渡列表，可能包含当前动画的上一个动画和过渡的下一个动画。

Has Exit Time：当前的动画过渡不能被中断，即上一个动画没结束之前是不能切换到下一个动画状态。

Conditions：动画过渡条件。一个 Condition 包括以下信息：一个事件参数，一个可选的条件，一个可选的参数值。还可以通过拖动该面板的动画剪辑可视化图标即拖动重叠区域的起始值和终止值来调节两个动画的过渡动作情况。每个动画都有自己的属性和状态，单击动画，可以更改它的属性，比如把"Speed"改 2，则速度加倍，当然也可以改小，即慢动作。

按下来通过添加自定义变量，并使用代码控制变量值的改变，从而触发下一个动画的效果。

步骤一：在 Animator 窗口的左边有一个 Parameters 子栏，此子栏可以添加需要的变量，这些变量类型可以是 Float、Int、Bool 和 Trigger 类型。通过添加属性，为程序脚本提供一个接口，可以通过脚本修改这些变量来控制动画状态的播放和状态的转换。现在，点击 Parameters 旁边的加号，并选择 Float 类型，为该状态机添加一个 Float 类型的变量，并命名为"Speed"，如图 7-12 所示。

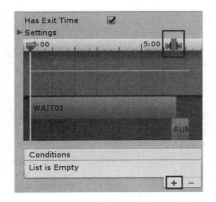

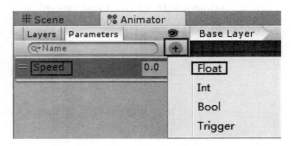

图 7-11　动画状态转移控制面板　　　　　图 7-12　为状态机添加变量

步骤二：点击 WAIT01 到 RUN00_F 的过渡箭头，在 Conditions 中，添加条件 "Speed"，在后面的属性中选择 "Greater"，设置它的值为 0.1，并取消勾选 Has Exit Time，其意思是当 Speed>0.1 时，立即触发状态转移，无须等待动作执行完，如图 7-13 所示。同理，点击 RUN00_F 到 WAIT01 的过渡箭头，在 Conditions 中，添加条件 "Speed"，在后面的属性中选择 "Less"，设置它的值为 0.1，并取消勾选 Has Exit Time，其意思是当 Speed<0.1 时，立即触发状态转移，无须等待跑步动作执行完，如图 7-14 所示。

图 7-13　WAIT01 到 RUN00_F 过渡参数　　　图 7-14　RUN00_F 到 WAIT01 过渡参数

步骤三：在 Chan 状态机中再拖入 WALK00_B 向后走的动画。并设置 WAIT01 到 WALK00_B 的过渡条件为 Speed<-0.1，WALK00_B 到 WAIT01 的过渡条件为 Speed>-0.1，并都取消勾选 Has Exit Time，状态机如图 7-15 所示。

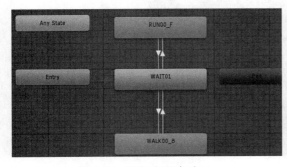

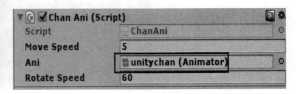

图 7-15　添加向后走动画　　　　　　图 7-16　变量赋值

步骤四：创建一个脚本 "ChanAni"，挂载 unitychan 游戏对象，具体代码如下：

```
public class ChanAni: MonoBehaviour {
    public float moveSpeed =5;        //移动速度
    public Animator ani;              //动画组件
    public float rotateSpeed = 60;    //旋转的速度
    void Update()
```

```
        {
            float v = Input.GetAxis("Vertical");
            float h = Input.GetAxis("Horizontal");
            if(v != 0 || h != 0)
            {
                    ani.SetFloat("Speed", v);
                    //移动人物
                    transform.Translate(Vector3.forward * moveSpeed * Time.deltaTime * v,
                    Space.Self);
                    transform.Rotate(0, rotateSpeed * h * Time.deltaTime, 0, Space.Self);
            }
        }
    }
```

步骤五：选中 unitychan 游戏对象，在属性窗口中，将这个对象赋值给 Ani 变量，如图 7-16 所示。

步骤六：接下来制作更复杂的动画状态机，使得任何时候只要按下 M 键就能激发受伤动作，受伤后执行站立动作。当角色在跑步状态时，按下空格键，角色执行跳跃的动作。在 Chan 状态机中再拖入 JUMP00 跳跃的动作。在 Parameters 面板中添加一个 Trigger 类型的参数"Jump"，并设置 RUN00_F 到 JUMP00 的过渡条件为 Jump，并取消勾选 Has Exit Time，同时 WALK00_B 到 WAIT01 的过渡无条件。

在 Chan 状态机中再拖入 DAMAGED01 受伤的动作，在 Parameters 面板中添加一个 Trigger 类型的参数"Damage"，并设置 Any State 到 DAMAGED01 的过渡条件为 Damage，DAMAGED01 到 WAIT01 的过渡无条件，如图 7-17 所示，修改脚本"ChanAni"，具体代码如下：

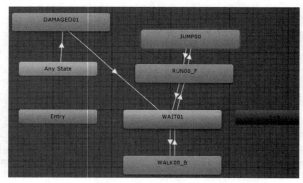

图 7-17　最终动画状态机

```
public class ChanAni: MonoBehaviour {
    public float moveSpeed =5;        //移动速度
    public Animator ani;              //动画组件
    public float rotateSpeed = 60;    //旋转的速度
    int DamageState = Animator.StringToHash("DAMAGED01"); //受伤动画
    int RunState = Animator.StringToHash("RUN00_F"); //跑步动画转换为哈希值
```

```
void Update()
    {
            if(Input.GetKeyDown(KeyCode.Space))
            {//获取当前动作的状态 GetCurrentAnimatorStateInfo 方法, 需要一个参数: 当前
            //动画处于哪层
                AnimatorStateInfo state = ani.GetCurrentAnimatorStateInfo(0);
                //判断当前动画的名字是不是跑步动作
                if(state.shortNameHash == RunState)
                {
                    //触发跳跃动作
                    ani.SetTrigger("Jump");
                }
            }
            if(Input.GetKeyDown(KeyCode.M))
            {
                ani.SetTrigger("Damage");    //触发玩家受伤动作
            }
            //W、S 键控制玩家前进和后退-1 到 1 的值
            float v = Input.GetAxis("Vertical");
            float h = Input.GetAxis("Horizontal");
            if(v != 0 || h != 0)
            {
                //获取当前动作的状态 GetCurrentAnimatorStateInfo 方法, 需要一个参数:
                //当前动画处于哪层
                AnimatorStateInfo state = ani.GetCurrentAnimatorStateInfo(0);
                //判断当前动画是否是受伤动作, 如果是, 不能移动和旋转
                if(state.shortNameHash != DamageState)
                {
                    ani.SetFloat("Speed", v);
                    transform.Translate(Vector3.forward * moveSpeed * Time.deltaTime * v,
                     Space.Self);
                    transform.Rotate(0, rotateSpeed * h * Time.deltaTime, 0, Space.Self);
                }
            }
        }
    }
```

步骤七：将 ChanAni 脚本挂载给 Teddy 游戏对象，将 Teddy 赋值给 Ani 变量，同时将 Chan 的状态机赋值给 Teddy 的 Animator 组件的 Controller 属性，如图 7-18 所示。运行程序，Teddy 就拥有了和 unitychan 一样的动作，如图 7-19 所示。

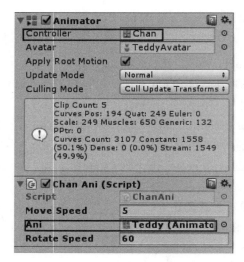

图 7-18　设置 Teddy 属性

图 7-19　游戏运行结果

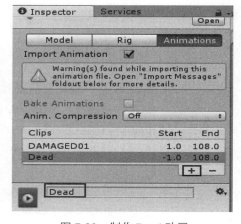

图 7-20　制作 Dead 动画

（5）动画的剪辑。接下来对"DAMAGE01"动作进行剪辑，制作死亡的动作，让角色倒下去后不再起来。

步骤一：点击 DAMAGE01 动画，在属性窗口点击"Edit"按钮，在 Animations 面板中点击"+"，取名为"Dead"，如图 7-20 所示。

步骤二：调整新增动画片段的帧数。预览受伤的动画，死亡的动作发生在 47 帧左右，将死亡动作设置为 0～47 帧，点击"Apply"按钮，死亡动作生成，如图 7-21 所示。

步骤三：在 Chan 状态机中拖入 Dead 死亡的动作，在 Parameters 面板中添加一个 Trigger 类型的参数"Dead"，并设置 Any State 到 Dead 的过渡条件为 Dead，实现任何状态下按下 N 键时触发死亡动作，如图 7-22 所示。修改脚本"ChanAni"，执行程序，当按下 N 键执行死亡的动作，角色不再起来，如图 7-23 所示。添加代码如下：

```
if(Input.GetKeyDown(KeyCode.N))
{
    ani.SetTrigger("Dead");   //触发玩家死亡动作
}
```

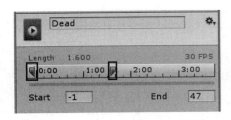

图 7-21　动画剪辑

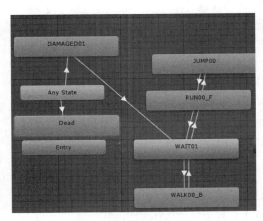

图 7-22　添加死亡状态

图 7-23　执行死亡动作

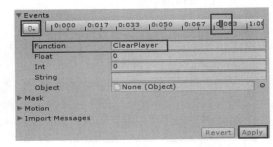

图 7-24　Dead 动画添加销毁事件

（6）给动画添加事件，实现玩家死亡动作播放后，从场景中销毁玩家。修改脚本"ChanAni"，添加如下代码：

```
//动画帧事件，方法必须是共有的；脚本一定要跟 Animator 组件挂在同一个物体身上，
//否则就找不到方法
//清理玩家，玩家死亡动作播放，从场景中销毁玩家
public void ClearPlayer()
{
        Destroy(gameObject);
}
```

接下来，双击动画状态机中 Dead，在 Events 属性窗口拖动红线，找到需要添加死亡事件的位置，然后点击 Events 的"+"按钮，在 Function 属性中输入死亡方法"ClearPlayer"，然后点击[Apply]按钮，如图 7-24 所示。运行程序，当按下 N 键时候，角色执行死亡动作，并在场景中消失。

7.3　Blend Tree 混合树

在游戏动画中，一种常见的需求是对两个或更多个相似的运动进行混合，一个常见的例

子是根据角色的移动速度对走路和跑步动画进行混合；另一个常见的例子是角色在跑动时向左或向右倾斜转弯。动画过渡和动画混合是完全不同的概念，尽管它们都用于生成平滑的动画，但却适用于不同的场合。动画过渡被用于在一段给定的时间内完成由一个动画状态向另一个动画状态的平滑过渡，而动画混合则被用于通过插值技术实现对多个动画片段的混合，每个动作对于最终结果的贡献量取决于混合参数。

7.3.1　1D 混合树

下面举例讲解利用 1D 混合树来设置角色的走路和跑步的混合，以及在走路和跑步的时候向左或向右倾斜转弯。

1D 混合树

（1）打开工程 AnimationDemo，新建一个场景 AniTree，在场景中新建一个 Plan，并将 unitychan 模型拖拽到场景中，如图 7-25 所示。

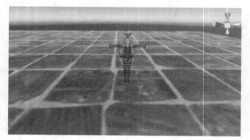

图 7-25　搭建场景

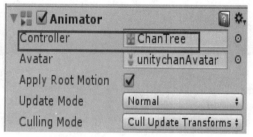

图 7-26　设置 Animator 组件属性

（2）在 Project 视图中点击 "Create" → "Animator Controller" 命令，更名为 "ChanTree"。在 Hierarchy 视图中选择 unitychan 游戏对象，将动画状态机 ChanTree 赋值给该游戏对象的 Animator 组件的 Controller 属性，如图 7-26 所示。

（3）双击 ChanTree 动画状态机，在 Animator 窗口中，拖拽入 WAIT01 等待动画作为默认动作，再拖入 WALK00_B 后退动作。添加 Float 类型的参数 MoveSpeed 和 RotateSpeed，并设置 WAIT01 到 WALK00_B 的过渡条件为 MoveSpeed<-0.1，WALK00_B 到 WAIT01 的过渡条件为 MoveSpeed>-0.1，并都取消勾选 Has Exit Time。

（4）右击空白处，在弹出菜单选择【Greate State】→【From New Blend Tree】，创建新的混合树，默认名为 "Blend Tree"。点击【Blend Tree】，在属性窗口 中重命名为 "Locomotion"，并设置 WAIT01 到 Locomotion 的过渡条件为 MoveSpeed>0.1，Locomotion 到 WAIT01 的过渡条件为 MoveSpeed<0.1，并都取消勾选 Has Exit Time，如图 7-27 所示。

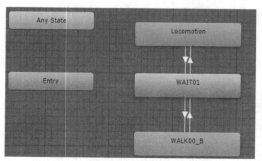

图 7-27　创建动画状态机

（5）双击 Locomotion 进入混合树，点击【Blend Tree】，在属性面板中，Parameter 参数选择 MoveSpeed，如图 7-28 所示，再右击 "Blend Tree" → "Add Blend Tree"，新建两个混合树，分别取名 Walk 和 Run，参数选择 RotateSpeed，如图 7-29 和图 7-30 所示，最后结果如图 7-31 所示。

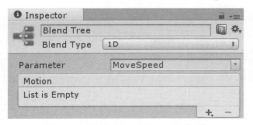

图 7-28　设置 Blend Tree 的参数　　　　　　　图 7-29　设置 Walk 混合树的参数

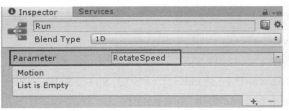

图 7-30　设置 Run 混合树参数　　　　　　　　图 7-31　创建 Walk 和 Run 混合树

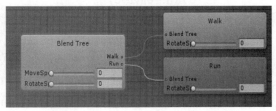

（6）给混合树添加动画，右击 "Walk" → "AddMotion"，添加三个动画。点击 "Walk"，在属性面板中，将向左走、向前走、向右走三个动作（即 WALK00_L、WALK00_F 和 WALK00_R 动作）拖拽给 Motion 属性，如图 7-32 所示。同理添加 Run 的三个动作，如图 7-33 所示。鼠标拖动 Locomotion 面板中的 MoveSpeed 和 RotateSpeed 参数，会发现各个动作之间的明暗变化，也可以观察右下角模型的动画变化，如图 7-34 所示。混合树结构如图 7-35 所示。

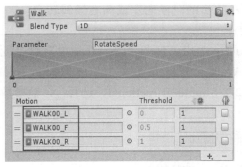

图 7-32　给 Walk 添加动作　　　　　　　　　　图 7-33　给 Run 添加动作

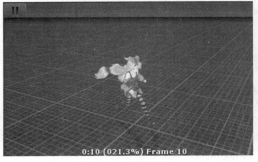

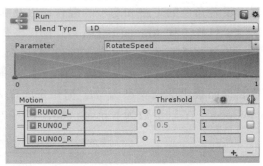

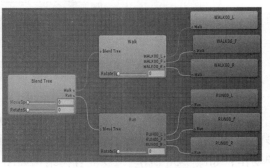

图 7-34　动画预览　　　　　　　　　　　　　　图 7-35　混合树结构

（7）创建脚本"ChanAniTree"，挂载给 unitychan 游戏对象，并将 unitychan 对象赋值给 ani 变量。运行游戏实现通过键盘 W、A、S、D 键控制角色的走路、奔跑前进和后退，以及左右旋转动作，具体代码如下：

```
public class ChanAniTree: MonoBehaviour {
        public Animator ani; //动画控制器
        void Update(){
        //W、S 键控制玩家前进和后退-1 到 1 的值
        float v = Input.GetAxis("Vertical");
        float h = Input.GetAxis("Horizontal");
        if(h!=0||v!=0)
        {
                ani.SetFloat("MoveSpeed", v);
                ani.SetFloat("RotateSpeed", h);
                transform.Translate(Vector3.forward*Time.deltaTime*v*2, Space.Self);
                transform.Rotate(0, 60*Time.deltaTime*h, 0, Space.Self);
        }
    }
}
```

7.3.2　2D 混合树

2D 混合树

2D 混合是指通过两个参数来控制子动画的混合。下面举个简单的案例，讲解利用 2D 混合树来设置角色的走路和跑步的混合，以及在走路和跑步的时候向左或向右倾斜转弯。

（1）打开工程 AnimationDemo，打开场景 AniTree。

（2）复制动画状态机 ChanTree，命名为"ChanTree2D"，双击"ChanTree2D"打开动画状态机。双击"Locomotion"混合树，删除原有的 Walk 和 Run 混合树。点击"Blend Tree"，设置属性面板中的树类型为 2D 简单定向模式即 2D Simple Directional，选择 X 轴参数为 RotateSpeed，Y 轴参数为 MoveSpeed，如图 7-36 所示。

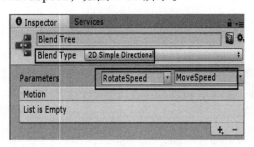

图 7-36　设置混合树参数

（3）点击动画属性窗口的"+"→"AddMotion Field"按钮六次，把走路的三个动作和跑步的三个动作拖拽进 Motion，并设置参数，如图 7-37 所示。移动小红点可以预览右下角模型的动作，如图 7-38 所示。2D 混合树结构如图 7-39 所示。

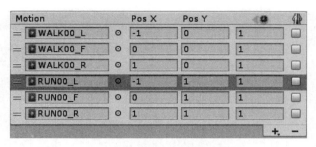

图 7-37 设置 2D 混合树的动画

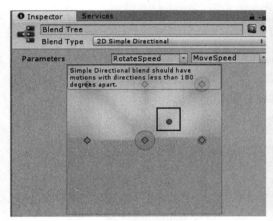

图 7-38 预设模型动画

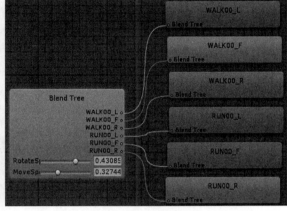

图 7-39 2D 混合树结构

（4）选中 unitychan 游戏对象，将 ChanTree2D 动画状态机赋值给它的 Animator 组件的 Controller 属性，如图 7-40 所示。运行游戏，得到和 ChanTree 动画状态机一样的效果。

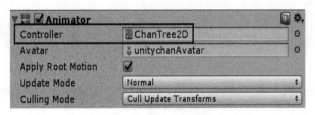

图 7-40 动画组件属性设置

7.4 创建简易动画

Unity 软件可以很方便地为创建的游戏对象制作一些简单的动画。选中游戏对象，点击菜单栏【Window】→【Animation】，或者按快捷键【Ctrl+6】，弹出【Animation】窗口，如图 7-41 所示，点击【Create】按钮，保存新建的动画文件，创建好后，如图 7-42 所示。窗口中 "Samples" 的数值为 1 秒的动画帧数，此处图中显示 1 秒有 60 帧。

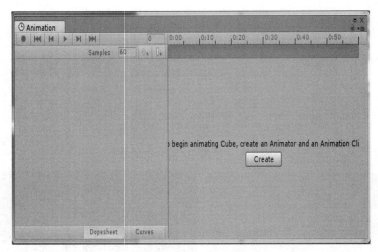

图 7-41　创建动画窗口

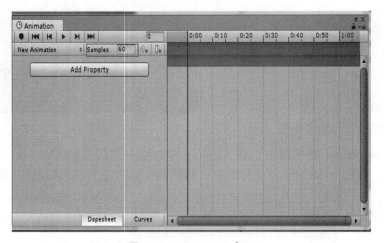

图 7-42　Animation 窗口

点击【Add Property】，可为动画添加属性，如图 7-43 所示。添加属性后，右侧出现两个关键帧，分别为首尾关键帧，在第 1 秒的开头和第 1 秒的末尾，如图 7-44 所示。

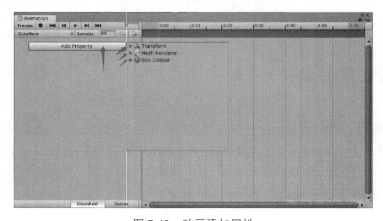

图 7-43　动画添加属性

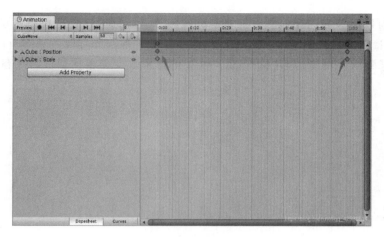

图 7-44 动画帧

在右侧关键帧上方有两条深灰色框，右键点击上面的深灰色框，可以添加【Animation Event】，右键点击下面的深灰色框，可以添加【Key】，即关键帧，如图 7-45 所示。添加关键帧后，在左侧窗口中选中要改变的属性，直接修改属性值即可。也可以点击【Animation】窗口的录制功能键 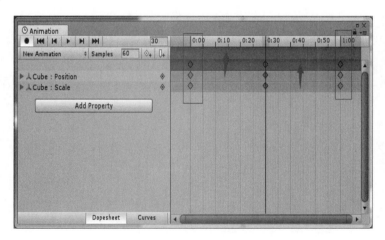 进行动画录制。动画添加好后，可以点击播放按钮 ▶ 预览动画。【Animation】窗口中还有【Curves】视图，用于编辑动画曲线，可以滑动鼠标滑轮放大或缩小横纵坐标，按住 Shift 键滑动鼠标滑轮可以只对纵坐标进行放大缩小。单击左侧任一属性，可以在右侧曲线图中仅显示该属性值的曲线，可以拖动曲线中的点以及该点处的左右切线，对动画进行设置。

图 7-45 添加关键帧

7.5 本章小结

本章介绍了 Unity3D 的 Mecanim 动画系统，该系统通过动画状态机控制动画的播放，其可视化的编辑窗口能够为用户提供更加直观的编辑方式，同时结合案例讲解动画状态机、动画 1D 和 2D 混合树的使用。使用 Mecanim 动画系统的一般步骤是配置 Avatar，设置动画状态机，添加自定义变量，使用脚本控制自定义变量的值来改变动画状态机的状态。

第8章　自动寻路系统

自动寻路系统（动画）

Navigation（导航）是 3D 游戏世界中用于实现动态物体自动寻路的一种技术，它将游戏场景中复杂的结构组织关系简化为带有一定信息的网格，在这些网格的基础上通过一系列相应的计算来实现自动寻路。在 Unity 中，可以根据用户所编辑的场景内容，自动地生成用于导航的网格。导航时，只需要给导航物体挂载导航组件，导航物体便会自行寻找最短的路线，并沿着该路线行进到目标点。

8.1　Nav Mesh Agent 组件

Nav Mesh Agent 组件

Nav Mesh Agent 组件可实现对指定对象自动寻路的代理，执行菜单栏"Component"→"Navigation"→"Nav Mesh Agent"命令将其挂载到需要进行寻路的对象上，该组件自带了许多参数，开发人员通过修改这些参数来设置对象的宽度、高度以及转向速度等参数，其设置面板如图 8-1 所示，参数列表如表 8-1 所示。

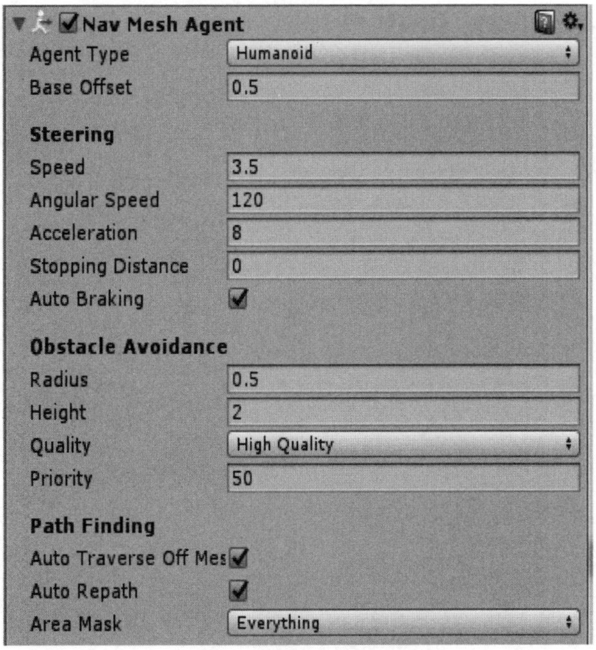

图 8-1　Nav Mesh Agent 组件

表 8-1   Nav Mesh Agent 属性列表

属性	功能
Agent Type	自动寻路的类型
Base Offset	基本偏差：碰撞几何体相对于实际集合体垂直的偏移
Speed	移动速度
Angular Speed	转角速度
Acceleration	加速度，启动时的最大加速度
Stopping Distance	停止距离，制动距离。到目的地的距离小于这个值，代理减速
Auto Braking	是否自动停止无法到达目的地的路线
Radius	代理的半径
Height	代理的高度
Quality	躲避的等级，等级越高躲避越好，相对计算量也会大一些
Priority	优先级
Auto Traverse Off Mesh	是否采用默认方式度过连接路线
Auto Repath	在进行因为某些原因中断寻路的情况下，是否重新计算获得新的路径，重新开始寻路
Area Mask	路径遮罩

8.2   Off Mesh Link 组件

如果场景中两部分静态几何体彼此分离没有连接在一起的话，当完成路网烘焙后，角色器无法从其中一个物体上寻路到另一个物体上，比如沟渠、台阶等。为了能够使角色可以在两个彼此分离的物体之间进行寻路，就需要使用分离网格连接，执行菜单栏 "Component" → "Navigation" → "Off Mesh Link" 命令将其挂载到需要进行连接的对象上，其设置面板如图 8-2 所示，参数列表如表 8-2 所示。

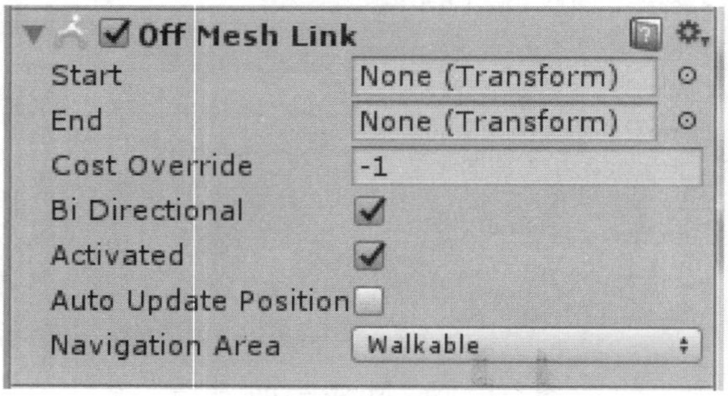

Off Mesh Link 和
Obstacle 组件

图 8-2   Off Mesh Link 组件

表 8-2　Off Mesh Link 属性列表

属性	功能
Start	分离网格链接的开始点物体
End	分离网格链接的结束点物体
Cost Override	开销覆盖
Bi Directional	是否允许代理器在开始点和结束点间双向移动
Activated	是否激活该路线
Auto Update Position	勾选该参数后，运行程序时，如果开始点或结束点发生移动，那么路线也会随之发生变化
Navigation Area	设置该导航区域为可行走、不可行走和跳跃三种状态

8.3　Nav Mesh Obstacle 组件

导航网格中对固定的障碍物，开发的时候可以通过路网烘焙的方式使角色无法穿透，但游戏中常常会有移动的障碍物，这种动态的障碍无法进行烘焙，即使它们身上带有碰撞器，角色在移动的时候也会穿透这个物体。为了使角色也能够与其发生正常的碰撞，这就需要使用 Nav Mesh Obstacle 组件，执行菜单栏 "Component" → "Navigation" → "Nav Mesh Obstacle" 命令将其挂载到障碍物对象上，该组件的面板如图 8-3 所示，其参数列表如表 8-3 所示。

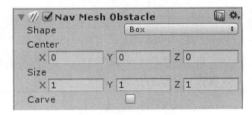

图 8-3　Nav Mesh Obstacle 组件

表 8-3　Nav Mesh Obstacle 参数列表

属性	功能
Shape	碰撞器的形状
Center	动态障碍物碰撞器的中点位置
Size	动态障碍物碰撞器的尺寸
Carve	是否允许被代理器穿入

8.4　Navigation 窗口

要实现寻路的功能，除了使用上述的三种组件，还需要对路网进行烘焙，即制定哪些对象可以通过，哪些对象不可移动通过。执行菜单栏"Window"→"Navigation"命令可打开窗口。下面介绍 Bake 和 Object 面板（见图 8-4 和图 8-5）及相应的参数列表（见表 8-4 和表 8-5）。

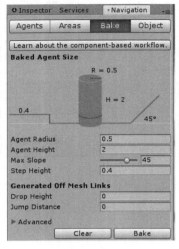

图 8-4　Bake 面板

图 8-5　Object 面板

表 8-4　Bake 属性列表

属性	功能
Agent Radius	半径，半径数值越小，生成网格面积越大，越容易靠近被烘焙过的静态物体
Agent Height	高度，整体网格可以烘焙到的高度
Max Slope	最大斜坡角度，角度越大，代理越能爬坡
Step Height	台阶步高，步高越大代理迈过台阶的能力越强
Drop Height	代理跳落的高度，只能往下跳，不可往上跳
Jump Distance	代理往远处跳跃距离

表 8-5　Object 属性列表

属性	功能
Navigation Static	静态导航，只有勾选此项参与导航网格的游戏物体、地形环境才可以参与导航网格的烘焙
Generate OffMeshLinks	连接分离的网格
Navigation Area	寻路区域，分为 Walkable（可行走区域）、Not Walkable（不可行走区域）和 Jump（跳跃区域）

8.5　寻路案例

前面已经介绍了 Unity3D 集成开发环境中寻路技术的基本知识，为了能够使这部分内容更容易接受，下面通过一个简单的寻路案例来介绍寻路技术在实际开发过程中的使用。

1. 游戏角色能够避开障碍物的碰撞，选择最短路径到达目标位置

（1）新建一个工程 NavigationDemo，搭建简易场景，保存为"Navigation"，如图 8-6 所示。

图 8-6　搭建场景

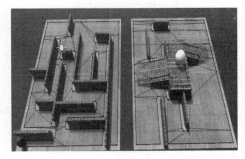

图 8-7　烘焙场景

（2）选择场景中的两个 Cube 方块，创建动画使得游戏运行的时候自动左右运动，这在动画系统章节已经讲过，此处就不再赘述。这两个方块作为场景中的动态障碍物，要挂载导航网格障碍物组件，执行菜单栏的"Component"→"Navigation"→"Nav Mesh Obstacle"命令即可。

（3）选择场景中的其余 Cube 和 Plane，在 Inspector 视图中将 Static 左边的选项打钩，即把这些游戏对象都设置为静态。接下来开始路网烘焙，执行菜单栏的"Window"→"Navigation"命令，在打开的 Navigation 面板适当调整参数，点击"Bake"按钮，即可开始烘焙，烘焙效果如图 8-7 所示。

（4）选择胶囊体游戏对象，执行菜单栏"Component"→"Navigation"→"Nav Mesh Agent"命令，为其添加代理器组件，使用默认参数即可。

（5）由于两个面板彼此分开，所以需要使用分离网格连接。在场景中创建两个 Cube，选择其中一个 Cube，执行菜单栏的"Component"→"Navigation"→"Off Mesh Link"命令，此时 Cube 挂载上了该连接组件，并将这两个 Cube 作为组件中 Start 和 End 的对象，同时取消它们的渲染组件，如图 8-8 所示。用同样的方法，给两个面板创建多个链接点，如图 8-9 所示。此时重新烘焙场景，可以看到这些链接线，如图 8-9 所示。

图 8-8　设置连接属性

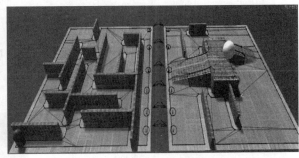

图 8-9　分离网格链接

（6）接下来创建一个新的脚本"NavTest"，挂载给胶囊体游戏对象，具体代码如下：

```
using UnityEngine.AI; //导入 AI 命名空间
public class NavTest: MonoBehaviour {
    public Transform targetPos;//目标位置
```

```
        private NavMeshAgent playerNav;//声明代理器变量
        void Start(){
            //获取代理器组件
            playerNav=transform.GetComponent<NavMeshAgent>();
        }
        void Update(){
            //SetDestination(目标位置)
            playerNav.SetDestination(targetPos.position);
        }
    }
```

（7）选择胶囊体对象，在 Inspector 视图中，将小球托给"targetPos"变量，运行程序胶囊体自动避开障碍物，找到最捷径的路到达小球的位置。

2. 给角色添加不可行走的层

（1）执行菜单栏"Window"→"Navigation"命令打开 Navigation 面板，选择 Areas 面板，添加新的区域"Forbid"，如图 8-10 所示。接下来选择场景中 Notwalkable 游戏对象，在 Navigation 面板的 Object 面板中，设置它的区域为"Forbid"，如图 8-11 所示。

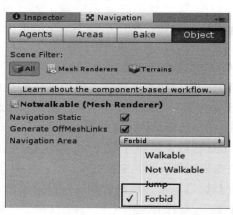

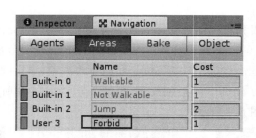

图 8-10　添加区域　　　　　　　　　　　图 8-11　设置区域

（2）选择场景中的胶囊游戏对象，对它的 Nav Mesh Agent 组件的区域遮罩进行修改，即在 Area Mask 的下拉选项中取消"Forbid"的勾选，也就是说这个区域胶囊体是无法行走的，如图 8-12 所示。

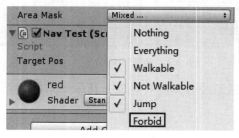

图 8-12　设置区域遮罩　　　　　　　　　　图 8-13　运行游戏

（3）重新烘焙场景，会发现可走区域是蓝色的，不可走区域是紫色的，运行游戏，胶囊体避开障碍物，避开不可走区域，寻找最短路径到达球体位置，如图 8-13 所示。其中标识圆圈部分为"Forbid"区域。

3. 给场景添加小地图，实现当鼠标点击地图中的某个位置，角色会自动寻路到鼠标点击的位置

（1）场景另存为"NavMap"，删除场景中的小球，移除胶囊体游戏对象的"Nav Test"代码组件。

（2）在游戏窗口右上角创建一个小地图，其方法在 4.4 小节中已详细说明，这里就不再赘述。

（3）新建一个脚本"NavMap"，挂载给胶囊体，具体代码如下：

```csharp
using System.Collections;
using System.Collections.Generic;
using UnityEngine;
using UnityEngine.AI;//导入 AI 命名空间
public class NavTest：MonoBehaviour
{
    public Camera cameraMap;//地图相机
    private NavMeshAgent myplayer;//声明代理器变量
    void Start()
    {
        //获取代理器组件
        myplayer= transform.GetComponent<NavMeshAgent>();
    }
    void Update()
    {//地图相机向鼠标位置发出射线
        Ray myray = cameraMap.ScreenPointToRay(Input.mousePosition);
        //射线碰撞接收信息
        RaycastHit hit;
        if(Physics.Raycast(myray, out hit, 1000)&& Input.GetMouseButton(0))
        {//代理器移动到鼠标点击的位置
        myplayer.SetDestination(hit.point);
        }
    }
```

（4）配合"Ctrl+S"，保存场景。运行游戏，鼠标点击小地图中的任意位置，胶囊体都会避开障碍物以及避开不可走区域，寻找最短路径到达鼠标点击的位置，如图 8-14 所示。

图 8-14　运行游戏

8.6　本章小结

本章主要介绍了如何使用 Unity3D 的导航系统，包括了导航网格、导航代理、障碍物等知识点。通过一个案例，详细讲解了自动寻路组件的使用。

第 9 章　粒子系统

Unity3D 粒子系统（Particle System）可以创建游戏场景中的火焰、气流、烟雾和大气效果等。粒子系统的原理是将若干粒子组合在一起，通过重复地绘制来产生大量的粒子，并且产生的粒子能够随时间在颜色、体积、速度等方面发生变化，不断产生新的粒子，销毁旧的粒子，基于这些特性就能够很轻松地打造出模拟火焰、爆炸、水滴雾等自然效果。Unity3D 提供了一套完整的粒子系统，包括粒子发射器、粒子渲染器等。

9.1　粒子系统模块

粒子系统

粒子系统采用了模块化管理，个性化的粒子模块配合粒子曲线编辑器，使用户更容易创造出各种复杂的粒子效果。粒子系统的属性面板上有很多参数，游戏开发过程中可以根据粒子系统的设计要求，进行相应的参数调整。粒子系统由若干模块组成，每一个模块都负责不同的功能，接下来对各个模块进行介绍。

9.1.1　粒子初始化模块

该模块为固有模块，不可删除或者禁用。该模块定义了粒子初始化时的持续时间、循环方式、发射速度、大小等一系列基本的参数，具体参数列表如表 9-1 所示。

表 9-1　粒子初始化属性列表

属性	功能
Duration	粒子系统发射粒子的持续时间
Looping	粒子系统是否循环发射
Prewarm	当 Looping 系统开启时，才能启动预热系统，也就是说粒子系统在游戏开始时已经发射了粒子，就好像它已经发射了一个周期的粒子
Start Delay	粒子系统发射粒子之前的延迟，注意在 Prewarm（预热）启用下不能使用此项
Start Lifetime	粒子存活时间，以秒为单位
Start Speed	粒子发射时的速度，以米/秒为单位
3D Start Size	当需要把粒子在某一个方向上扩大的时候启用
Start Size	粒子发射时的大小
3D Start Rotation	需要在一个方向旋转粒子的时候可以启用

属性	功能
Start Rotation	粒子发射时单个粒子的旋转角度，注意不是发射角度
Randomize Rotation	随机旋转粒子方向
Start Color	粒子发射时的颜色
Gravity Modifier	粒子在发射时受到重力影响
Simulation Space	粒子系统的位置是参考自身坐标系还是世界坐标系
Simulation Speed	粒子系统的速度是参考自身坐标系还是世界坐标系
Scaling Mode	缩放比例，有三个选项，Hierarchy：当前粒子大小会受到上一级对象的缩放影响；Local：只跟自身大小有关；Shape：跟发射器有关系
Play On Awake	粒子系统被创建时是否自动播放粒子特效
Max Particles	一个周期粒子发射的最大数量
Auto Random Speed	随机种子，粒子系统每次播放时都是不同的。当设置为 false 时，系统每次播放时都是相同的

9.1.2　Emission 模块

该模块用于控制粒子发射时的速率，可以在某个时间生成大量粒子，在模拟爆炸时非常有效，具体参数如表 9-2 所示。

表 9-2　发射模块参数列表

属性	功能
Rate over Time	随单位时间生成粒子的数量
Rate over Distance	随着移动距离产生的粒子数量。只有当粒子系统移动时，才发射粒子
Bursts	特定时间粒子数量，可以设置在特定时间发射大量的粒子。Time：从第几秒开始；Min：最小粒子数量；Max：最大粒子数量，粒子的数量会在 Min 和 Max 之间随机；Cycles：在一个周期中循环的次数；Interval：两次 Cycles 的间隔时间

9.1.3　Shape 模块

该模块用于定义发射器的形状，包括球形、半球形、圆锥、盒子等模型，并且可以提供沿形状表面法线或随机方向的初始力，控制粒子的发射位置以及方向，具体参数如表 9-3 所示。

表 9-3　形状模块参数列表

属性	功能
Shape	设置发射器的形状，可以是球形、半球体、圆锥、盒子等
Angle	设置圆锥的角度，如果是 0，粒子将沿一个方向发射
Radius	发射形状的半径大小
Arc	形成发射器形状的整个圆的角部分
Length	圆锥的长度

属性	功能
Emit from	粒子发射的位置。Base：从底部随机点发射；Base Shell：从底部的圆边向上随机点发射；Volume：在锥体内部圆顶上方随机点发射；Volume Shell：从底部圆边上方沿锥面随机点发射
Align To Direction	方向对齐，使用这个复选框来确定粒子的初始方向。例如要实现在碰撞时，汽车的车身油漆脱落效果
Randomize Direction	随机方向，将粒子方向与随机方向混合。当这个设置为 0 时，这个设置没有效果。当它被设为 1 时，粒子的方向是完全随机的
Spherize Direction	球面化方向，将粒子方向朝向球形方向，从它们的变换中心向外传播。值为 0 时无效。当它被设置为 1 时，粒子方向从中心向外指向（与形状设置为球体时的行为相同）

9.1.4　Velocity over Lifetime 模块

该模块控制着生命周期内每一个粒子的速度，对有物理行为的粒子效果很明显，但对于那些有简单视觉行为效果的粒子（如烟雾飘散）以及物理世界几乎没有互动行为的粒子，此模块的作用并不明显，具体参数如表 9-4 所示。

表 9-4　生命周期速度参数列表

属性	功能
X，Y，Z	对 X、Y、Z 方向上的速度进行控制
Space	决定速度是根据世界坐标系还是根据局部坐标系来进行计算

9.1.5　Limit Velocity over Lifetime 模块

该模块控制粒子在生命周期内的速度限制以及速度的衰减，可以模拟类似拖动的效果，若粒子的速度超过限定值，则粒子速度会被锁定到该限定值，其参数如表 9-5 所示。

表 9-5　生命周期限制速度参数列表

属性	功能
Separate Axes	启动则可以对每个坐标轴上的速度进行控制，取消则对所有轴进行统一控制
Speed	速度，用常量或曲线来指定
Dampen	设置阻尼，取值范围为 0~1，值的大小决定速度被减慢的程度

9.1.6　Inherit Velocity 模块

该模块控制粒子速度随着时间的推移如何相对父对象移动，其参数如表 9-6 所示。这种效果对于运动的物体发射粒子时非常有用，例如来自汽车的尘埃云、火箭的烟雾、蒸汽火车烟囱的蒸汽。也可以使用曲线来控制随时间的变化。例如，可以对新创建的粒子应用强大的吸引力，这会随着时间的推移而减少。这对于蒸汽火车烟雾可能是有用的，它会随着时间的推移慢慢地漂移，并停止在火车排放之后。

表 9-6　继承速率参数列表

属性	功能
Mode	指定发射器速度如何应用于粒子。Initial：当每个粒子诞生时，发射器的速度将被施加一次。粒子诞生后发射器速度的任何变化都不会影响粒子。Current：发射器的当前速度将被应用于每一帧的所有粒子。例如，如果发射器减速，所有的粒子也将减速
Multiplier	粒子应该继承的发射器速度的比例

9.1.7　Force over Lifetime

该模块主要用于控制粒子在生命周期内的受力情况，其参数如表 9-7 所示。流体在移动时经常受到力的影响。例如，烟雾从周围的热空气中升起，会稍微加速。微妙的影响可以通过使用曲线来控制粒子寿命期间的力来实现。使用前面的例子，烟雾最初会加速上升，但随着上升的空气逐渐冷却，力量将会减弱。起火的浓烟最初可能会加速，然后随着火势蔓延而放慢，甚至在更长时间时会开始下落。

表 9-7　生命周期受力参数列表

属性	功能
X，Y，Z	施加在 X，Y 和 Z 轴上每个粒子的力
Space	决定力是根据世界坐标系还是根据局部坐标系来进行计算
Randomize	使用"两个常量"或"两个曲线"模式时，会在定义的范围内的每个框架上选择新的力方向。这会导致更动荡、不稳定的运动

9.1.8　Color over Lifetime 模块

生命周期颜色模块主要用于控制粒子在生命周期内的颜色变化，其参数如表 9-8 所示。许多类型的自然和幻想粒子随着时间的推移颜色也随之不同，因此这种属性有很多用途。例如，白色的热火在穿过空气时会冷却，魔法可能会爆发出彩虹般的气焰等。同样重要的是 alpha（透明度）的变化。当颗粒达到其寿命终点（例如，热火花，烟花和烟雾颗粒）时，这些颗粒被烧坏，褪色或消散是非常普遍的，而渐变产生这种效果。

表 9-8　生命周期颜色参数列表

属性	功能
Color	粒子在其整个生命周期中的颜色梯度。梯度条最左边表示粒子寿命的开始，梯度条的右侧表示粒子寿命的结束

9.1.9　Color by Speed 模块

该模块可让每个粒子的颜色根据自身的速度变化而变化，具体参数如表 9-9 所示。燃烧或发出的微粒（如火花）在空气中快速移动时（例如火花暴露在更多氧气中）会更明亮地燃烧，但随着速度变慢，会稍微变暗。为了模拟这种情况，可以使用 Color By Speed，在速度范围的上端有一个白色的渐变，在下端是红色的（在火花的例子中，较快的粒子会变成白色，而较慢的粒子变成红色）。

表 9-9　颜色速度参数列表

属性	功能
Color	定义在速度范围内的粒子的颜色梯度
Speed Range	颜色梯度映射到的速度范围的低端和高端（范围之外的速度将映射到梯度的端点）

9.1.10　Size over Lifetime 模块

生命周期大小模块控制每个粒子在其生命周期内的大小变化，具体参数如表 9-10 所示。一些颗粒在离开发射点时会明显地改变尺寸，例如那些代表气体、火焰或烟雾的颗粒，随着时间的推移，烟雾将趋于分散并占据更大的体积。可以通过将烟雾粒子的曲线设置为向上的斜坡来实现这一点，随着粒子的年龄而增加。还可以使用 Color Over Lifetime 模块进一步增强这种效果，以在烟雾扩散时淡化烟雾。

对于通过燃烧燃料产生的火球，火焰粒子在排放之后会趋于膨胀，但会随着燃料用完和火焰消散而熄灭和收缩。在这种情况下，曲线会有一个上升的"驼峰"，然后回落到一个较小的尺寸。

表 9-10　生命周期大小参数列表

属性	功能
Separate Axes	在每个轴上独立控制粒径
Size	定义粒子尺寸在其寿命期间如何变化的曲线

9.1.11　Size by Speed 模块

速度控制尺寸大小模块，可让每个粒子的大小，根据自身的速度变化而变化，其具体参数如表 9-11 所示。在某些情况下，需要根据速度变化的粒子，例如，期望一小块碎片被爆炸加速，而不是大块碎片。可以使用 Size By Speed（速度大小）和一个简单的斜坡曲线来达到这样的效果，该曲线随着粒子大小的减小而按比例增加速度。

表 9-11　速度控制尺寸大小参数列表

属性	功能
Separate Axes	在每个轴上独立控制速度
Size	定义粒子速度在其寿命期间如何变化的曲线
Speed Range	设置速度的范围

9.1.12　Rotation over Lifetime 模块

生命周期旋转模块以度为单位指定值，控制每个粒子在生命周期内的旋转速度变化，具体参数如表 9-12 所示。当粒子代表小的固体物体（如爆炸碎片）时，此设置很有用。指定随机的旋转值将使得效果更加真实，而不是在飞行时粒子保持直立。随机旋转也将有助于打破类似形状粒子的规律性。

表 9-12 生命周期旋转参数列表

属性	功能
Separate Axes	在每个轴上独立控制旋转
Angular Velocity	控制每个粒子在其生命周期内的旋转速度，可以使用常量控制、曲线控制或曲线随机控制

9.1.13 Rotation by Speed 模块

旋转速度控制模块，可让每个粒子的旋转速度根据自身速度的变化而变化，具体参数列表如表 9-13 所示。当粒子代表在地面上移动的固体物体（例如山体滑坡的岩石）时，可以使用该属性。颗粒的旋转可以与速度成比例地设定，以便令人信服地滚动表面。速度范围仅适用于速度处于其中一种曲线模式时，快速粒子将使用曲线右端的值进行旋转，而较慢的粒子将使用曲线左侧的值。

表 9-13 旋转速度控制参数列表

属性	功能
Separate Axes	在每个轴上独立控制旋转
Angular Velocity	控制每个粒子在其生命周期内的旋转速度，可以使用常量控制、曲线控制或曲线随机控制
Speed Range	定义旋转速度范围

9.1.14 External Forces 模块

外部作用力模块可控制风域的倍增系数，具体参数如表 9-14 所示。一个 Terrain（地形）可以使风区影响对景观树木的运动，启用此部分可让风区从系统中吹出颗粒。"（Multiplier）乘数"值可缩放风对粒子的影响，因为它们通常比树枝吹得更强。

表 9-14 外部作用力参数列表

属性	功能
Multiplier	倍增系数

9.1.15 Noise 模块

使用此模块设置粒子类似跳动的效果，具体参数列表如表 9-15 所示。给粒子添加噪音是创造有趣的模式和效果的简单而有效的方法。例如，想象一下火焰中的余烬是如何移动的，或者烟雾在移动时是如何旋转的。强烈的高频噪声可以用来模拟火焰余烬，而软的低频噪声则更适合模拟烟雾效应。为了最大限度地控制噪音，可以启用分离轴选项，这样可以独立控制每个轴上的强度和重新映射。

表 9-15　噪音参数列表

属性	功能
Separate Axes	控制强度，并在每个轴上独立进行重新映射
Strength	这条曲线定义了噪声效应对粒子一生的影响
Frequency	低值会产生柔和平滑的 noise，高值会产生快速变化的 noise。这就控制了粒子改变它们行进方向的频率，以及这些方向的改变是多么的突然
Scroll Speed	随着时间的推移，移动噪声，导致更难以预测和不稳定的粒子运动
Damping	启用时，强度与频率成正比。将这些值捆绑在一起意味着可以在保持相同的行为的同时缩放噪声场，但是具有不同的尺寸
Octaves	指定有多少层重叠的噪音被组合在一起产生最终的噪音值
Octaves Multiplier	按此比例降低强度
Octaves Scale	通过该乘法器调整频率
Quality	质量越低性能消耗越低，噪声外观质量也越低；反之性能消耗高，外观质量也越高
Remap	将最终的噪音值重新映射到不同的范围
Remap Curve	描述最终噪声值如何转换的曲线

9.1.16　Collision 模块

碰撞模块可为每个粒子建立碰撞效果，其参数如表 9-16 所示。使用第一个下拉菜单来定义用户的碰撞设置是适用于 Planes 还是适用于 World。如果选择"World"，则使用" Collision Mode"下拉菜单来定义碰撞设置适用于 2D 还是 3D 世界。

表 9-16　碰撞参数列表

属性	功能
Planes	平面
Visualization	选择碰撞平面 Gizmos 是否以场景视图显示为线框网格或实体平面
Scale Plane	用于可视化的平面尺寸
Visualize Bounds	在"scene"视图中将每个粒子的碰撞范围渲染为线框形状
Dampen	碰撞后丢失的粒子速度的一小部分
Bounce	碰撞后从表面反弹的粒子速度的一部分
Lifetime Loss	碰撞时丢失的粒子总寿命的一部分
Min Kill Speed	碰撞后低于此速度的粒子将从系统中移除
Max Kill Speed	碰撞后超过这个速度的粒子将从系统中移除
Radius Scale	调整粒子碰撞球体的半径，使其更贴近粒子图形的视觉边缘
Send Collision Message	如果启用，则可以通过 OnParticleCollision 函数从脚本中检测粒子碰撞

9.1.17　Triggers 模块

粒子系统有能力在场景中与一个或多个碰撞器交互时触发回调。当一个粒子进入或离开一个对撞机，或者在粒子处于内部或外部的时候，这个 Callback 可以被触发。可以使用回调作为一个简单的方法，当它进入对撞机时（例如，为了防止雨滴穿透屋顶）破坏粒子，或者它可以用来修改任何粒子的属性。

表 9-17　触发器参数列表

属性	功能
Colliders	碰撞物体
Inside	Callback　粒子事件在对撞机内时触发。Ignore：当粒子在对撞机内部时，则不会触发事件；kill：杀死对撞机内的粒子
Outside	Callback　粒子事件在对撞机外时触发。Ignore：当粒子在对撞机外部时，则不会触发事件；kill：杀死对撞机外的粒子
Enter	Callback　粒子事件在进入对撞机时触发。Ignore：当粒子在进入对撞机时，则不会触发事件；kill：杀死对撞机进入的粒子
Exit	Callback　粒子事件在离开对撞机时触发。Ignore：当粒子在离开对撞机时，则不会触发事件；kill：杀死对撞机离开的粒子
Radius Scale	此参数设置粒子的碰撞边界，允许在碰撞物之前或之后发生事件
Visualize Bounds	在编辑器窗口中显示粒子的碰撞边界

9.1.18　Sub Emitters 模块

子发射器模块可以使粒子在出生的时候生成其他的粒子，其具体参数如表 9-18 所示。许多类型的粒子在其生命周期的不同阶段产生效果，也可以使用粒子系统来实现。例如，一颗子弹在离开枪管时可能伴随着一团粉尘烟雾，而一个火球则可能因撞击而爆炸。可以使用子发射器来创建这些效果。

表 9-18 子发射器参数列表

属性	功能
Birth	出生，在每个粒子出生的时候生成其他粒子系统
Inherit	将属性从父粒子传递到每个新创建的粒子

9.1.19　Texture Sheet Animation 模块

纹理层动画模块可以使粒子在其生命周期内的 UV 坐标产生变化，生成粒子的 UV 动画。可以将纹理分成网格，在每一格存放动画的一帧。同时，也可以将纹理划分为几行，每一行是一个独立的动画，需要注意的是，动画所使用的纹理在渲染器模块下的 Material 属性中指定，具体参数列表如表 9-19 所示。粒子动画通常比角色动画更简单并不太详细。在粒子单独可见的系统中，可以使用动画来传达动作或动作。例如，火焰可能会闪烁，虫群中的昆虫可能会像扑翼一样振动或颤抖。在粒子形成像云这样的单一连续实体的情况下，动画粒子可以帮助增加活力和运动的印象。

表 9-19　纹理层动画参数列表

属性	功能
Tiles	平铺，定义纹理的平铺方式
Animation	动画，指定动画类型为整个表格或单行
Frame over Time	时间帧，在整个表格上控制 UV 动画
Start Frame	允许指定粒子动画应该在哪个帧上开始（对每个粒子随机调整动画有用）
Cycles	周期，指定动画速度
Flip U	在一定比例的粒子上水平方向左右翻转。较高的值翻转更多的粒子
Flip V	在一定比例的粒子上垂直方向上下翻转。较高的值翻转更多的粒子
Enabled UV Channels	精确指定哪些 UV 流受到粒子系统的影响

9.1.20　Light 模块

使用此模块可以将实时灯光添加到一定比例的粒子中，具体参数如表 9-20 所示。Lights 模块是一种快速添加实时灯光效果的方法。它可以用来使系统投射到周围环境，例如火灾、烟火或闪电。它也允许让灯继承它们附着的粒子的各种属性。这可以使粒子效应本身发光的可信度更高。例如，可以通过使光线与其颗粒淡出并使它们共享相同的颜色来实现。

表 9-20　灯光参数列表

属性	功能
Light	指定一个 Light
Ratio	介于 0 和 1 之间的值，描述将接收光的粒子的比例
Radom Distribution	选择灯光是否随机或定期分配。勾选此设置每个粒子有一个随机的机会接收一个基于比例的光
Use Particle Color	勾选此设置，光线的最终颜色将被其附着的粒子的颜色调制；取消勾选，则使用 Light 颜色而不进行任何修改
Size Affects Range	启用时，Light 中指定的 Range（范围）将乘以粒子的大小
Alpha Affects Intensity	启用时，光的 Intensity（强度）乘以粒子阿尔法值
Range Multiplier	使用此曲线将自定义乘数应用于粒子生命周期中的光照范围
Intensity Multiplier	使用此曲线将自定义乘数应用于粒子生命周期中的光照强度
Maximum Lights	使用此设置可避免意外创建大量灯光，因为这可能会导致编辑器无响应或使用户的应用程序运行速度非常缓慢

9.1.21　Trails 模块

该模块可以轻松将 Trails 附加到粒子，并从粒子继承各种属性。路径可以用于各种效果，如子弹、烟雾和魔法视觉效果，具体参数如表 9-21 所示。

表 9-21　足迹参数列表

属性	功能
Ratio·	介于 0 和 1 之间的值，描述具有分配给它们的 Trail 的粒子的比例。Unity 随机分配路径，所以这个值代表一个概率
Lifetime	取值介于 0 和 1 之间的值。轨迹中每个顶点的生命周期，表示为它所属粒子生命周期的乘数
Minimum Vertex Distance	定义粒子在其 Trail 接收新顶点之前必须行进的距离
Texture Mode	选择应用于轨迹的纹理是沿着其整个长度延伸，还是以每 N 个距离单位重复。重复率是根据 Tiling（材料中）的 Material（物质）参数来控制的
World Space	当启用时，即使使用 Local Simulation Space（本地模拟空间），轨迹顶点也不会相对于粒子系统的游戏对象移动。相反，轨迹顶点在世界中被放弃，并且忽略粒子系统的任何移动
Die with Particles	如果选中此复选框，则当它们的粒子死亡时，迹线立即消失。如果未选中此框，则剩余的路径将根据其剩余的生命期自然消失
Size affects Width	如果启用（该框被选中），Trail 宽度乘以粒度
Size affects Lifetime	如果启用（该框被选中），轨迹寿命乘以粒度
Color over Lifetime	一条曲线来控制路径在其长度上的颜色
Width over Trail	控制 Trail 在其长度上的宽度的曲线
Color over Trail	一条曲线来控制路径在其长度上的颜色

9.1.22　Custom Data 模块

自定义数据模块允许在编辑器中定义自定义数据格式以附加到粒子。数据可以采用 Vector 的形式，最多可包含 4 个 MinMaxCurve 组件或者 Color，这是一个支持 HDR 的 MinMaxGradient，参数如表 9-22 所示。

表 9-22　自定义参数列表

属性	功能
Mode	自定义模式

9.1.23　Render 模块

渲染器模块的设置决定了粒子的图像或网格如何被其他粒子转换、着色和透支。具体参数如表 9-23 所示。

表 9-23　渲染器参数列表

属性	功能
Render Mode	渲染模式
Normal Direction	法线方向
Material	材质选择
Trail Material	用于渲染粒子轨迹的材质。该选项仅在 Trails 模块启用时可用
Sort Mode	粒子的排序模式，渲染顺序可以设定为 By Distance（from the Camera）、Oldest in Front 和 Youngest in Front

属性	功能
Sorting Fudge	排序校正，使用这个参数，将影响渲染顺序
Min Particle Size	设置最小粒子大小
Max Particle Size	设置最大粒的大小
Billboard Alignment	使用下拉菜单选择粒子广告牌面对的方向
Pivot	修改用作旋转粒子中心的中心点
Visualize Pivot	在场景视图中预览粒子中心点
Custom Vertex Stream	在材质的顶点着色器中配置哪些粒子属性可用
Cast Shadows	如果启用，粒子系统在阴影投射光照时创建阴影
Receive Shadows	指示是否可以将阴影投射到粒子上。只有不透明的材料可以获得阴影
Motion Vectors	移动向量
Sorting Layer	渲染器的排序图层的名称
Order in Layer	此渲染器在排序图层中的顺序
Light Probes	基于 interpolation（探头）的照明插值模式
Reflection Probes	如果启用并且场景中存在反射探针，则会为此 GameObject 选取反射纹理，并将其设置为内置 Shader 统一变量

9.2　综合案例

　　科幻电影中常常加入一些火焰特效或者爆炸的效果，以增强观看者的视听感受，本案例基于 Unity3D 的粒子系统制作了简单的爆炸效果。

　　（1）新建一个工程 ParticleDemo，并保存场景 ParticleBoom。

　　（2）创建一个粒子系统，执行 Hierarchy 窗口 "Create" → "Particle System" 命令，并命名为 Boom。在场景中可以看到一个默认的粒子系统效果，右下角有一个用于控制预览的面板，可以通过该面板控制粒子的播放、暂停和播放速度以及时间，如图 9-1 所示。

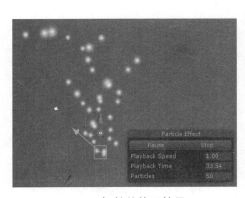

图 9-1　初始的粒子效果

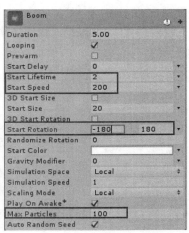

图 9-2　设置初始化模块属性

（3）修改粒子系统的属性参数，如图 9-2 至图 9-8 所示。

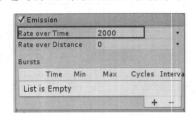

图 9-3　设置发射粒子数

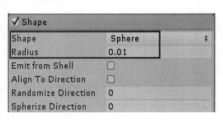

图 9-4　设置发射器形状和半径

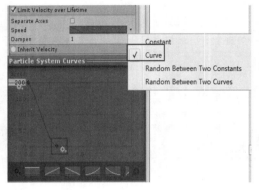

图 9-5　生命周期速度限制设置

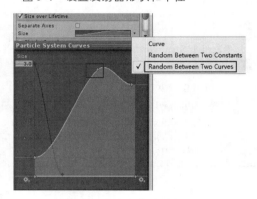

图 9-6　生命周期大小设置

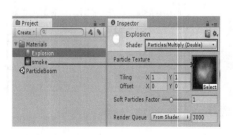

图 9-7　生命周期颜色设置 1

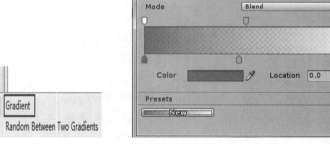

图 9-8　生命周期颜色设置 2

（4）导入图片"smoke"，利用这张图片生成粒子材质球 Explosion（见图 9-9），并将材质球赋予粒子的材质属性，如图 9-10 所示。

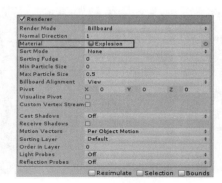

图 9-9　创建材质球

图 9-10　添加粒子的材质球

（5）按下[Ctrl+S]，保存场景并运行程序，效果如图 9-11 所示。粒子的属性非常多，可调节性也很强，只要认真观察并熟悉这些参数的含义，再加上耐心就可以创造出所需要的效果了。

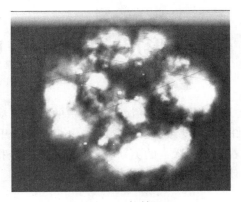

图 9-11　爆炸效果图

9.3　本章小结

本章介绍了 Unity3D 的粒子系统功能，该系统的属性比较多，应在熟悉其属性的基础上加以应用。在使用该粒子系统时注意先观察要实现效果的变化方式，包括发射的速度、大小、颜色和旋转角度以及材质等，接着是要对每个控制模块的功能和属性有所了解，这样才能制作出需要的粒子效果。

第 10 章 图形用户界面——UGUI

游戏界面指游戏软件的用户界面，包括游戏画面中的按钮、动画、文字、声音、窗口等与游戏用户直接或间接接触的游戏设计元素。从 Unity 4.6 的版本开始，Unity 官方推出了自己的 UI 插件 UGUI 系统，随着几个新版本的更新，UGUI 系统已经相当成熟了，在功能和易用性上一点也不逊于 NGUI，使用 UGUI 来制作 UI 更加方便和快速。

10.1 Canvas（画布）

每一个 GUI 控件必须是画布的子对象。当选择菜单栏中"GameObject"→"UI"下的命令来创建一个控件时，如果当前不存在画布将会自动创建一个画布。当用户创建一个 UI 的时候，会默认创建一个 Canvas，下面还有个 EventSystem（即 UI 的世界系统），画布相当于计算机的屏幕，所有的 UI 控件都在画布当中创建，才会被渲染到屏幕上。

UI 元素的绘制顺序依赖于它们在 Hierarchy 面板的顺序。如果两个 UI 元素重叠，后添加的 UI 元素会出现在之前添加的 UI 上面。比如创建两个 Image，后一个设置为红色，会发现红色的 Image 覆盖了白色的 Image，当然可以更改它们的顺序，如果要修改 UI 元素的顺序，应在 Hierarchy 视图中进行拖拽排序。对 UI 元素的排序也可以通过在脚本中调用 Transform 组件的 SetAsFirstSibling、SetAsLastSibling、SetSiblingIndex 等方法实现。两个画布之间则可以通过改变 Sort Order 来修改渲染顺序，值越大越后渲染。

1. Rect Transform 组件

在 NGUI 中创建的所有 UI 控件都有一个 UI 控件特有的 Rect Transform 组件，它是 UI 控件的矩形方位，包含 UI 界面的大小、旋转、锚点设置等（见图 10-1），相当于在 Unity3D 中创建的三维物体的 Transform 组件，不同的是 Transform 相当于一个点，而 Rect Transform 表示一个可容纳 UI 元素的矩形，而且矩形变换还有锚点和轴心点的功能，其参数如表 10-1 所示。

2. Canvas 的渲染模式

Canvas 组件提供了三种画布的渲染模式（Render Mode）。

（1）Screen Space-Overlay：覆盖模式，始终在屏幕的最上层。使画布拉伸以适应全屏大小，并且使 GUI 控件在场景中渲染于其他物体的前方。如果调整屏幕大小或者改变分辨率，画布将会自动的改变大小以适应屏幕。比如创建一个简单的 3D 场景（Plane，Cube），会发现 UI 和 3D 场景没有任何关系，相机先把 3D 场景渲染出来，然后使 UI 覆盖在上方。这种模式画布的 Rect Transform 组件是灰的，没办法修改，因为无论怎样修改始终都是在屏幕的最上层。

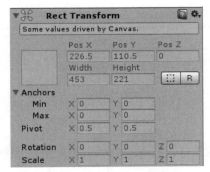

图 10-1　Rect Transform 组件

表 10-1　Rect Transform 组件参数列表

属性	功能
PosX、PosY、PosZ	UI 元素相对于锚的轴心点位置
Width、Height	UI 元素的宽度和高度
Anchors	相对于父对象的锚点。Min 定义矩形左下角锚点，Max 定义矩形右上角锚点，（0，0）对应父物体的左下角，（1，1）对应父物体的右上角
Pivot	定义矩形旋转时围绕的中心点坐标
Rotation	定义矩形围绕旋转中心点的旋转角度
Scale	按轴缩放大小

（2）Screen Space-Camera：画布以特定的距离放置在指定的摄像机前，UI 元素被指定的相机渲染，相机设置会影响到 UI 呈现。

（3）World Space：该选项使画布渲染于世界空间。该模式使画布在场景中像其他游戏物体一样，可以通过手动调整它的 Rect Transform 来改变画布的大小。GUI 空间可能会渲染到其他物体的前方或后方。

3. Event System 事件处理器

该处理器自带 3 个组件：

（1）Event System 事件处理组件，是一种将基于输入的事件发送到应用程序中的对象，使用键盘、鼠标、触摸或自定义输入均可。

（2）Standalone Input Module（独立输入模块），用于鼠标、键盘和控制器。该模块被配置为查看 InputManager，基于输入 InputManager 管理器的状态发送事件。

（3）Touch Input Module（触控输入模块），被设计为使用在可触摸的基础设备上。

10.2　Text 控件

Text 控件

文本控件显示非交互文本，可以作为其他 GUI 控件的标题或者标签，也可以用于显示指令或者其他文本。Text 控件也称为标签，Text 区域用于输入将显示的文本，它可以设置字体、样式、字号等内容，具体参数如表 10-2 所示。

表 10-2　Text 组件参数列表

属性	功能
Text	控制显示的文本
Font	用于显示的文本的字体
Font Style	文本样式，包含粗体、斜体、粗体&斜体
Font Size	文本的字体大小。当字体大小超过文本框，可以用矩形工具左上角的 回 来改变 Text 的大小
Line Spacing	文本字体之间的垂直间距
Rich Text	是否为富文本。就是用关键字来表示文本的属性，比如在 Text 里输入文本：我是<color=red>红色字体</color>，则"红色字体"这几个字显示为红色
Alignment	文本的水平和垂直对齐方式
Horizontal OverFlow	用于处理文字太宽而无法适应文本框时，设置水平方向上溢出时的处理方式，选项包含自动换行、溢出
Vertical OverFlow	用于处理文字太宽而无法适应文本框时，设置垂直方向上溢出时的处理方式，选项包含自动换行、溢出
Best Fit	忽略大小属性使文本适应控件大小
Color	字体颜色
Material	渲染文本的材质

下面制作一个简单的计时器案例。

（1）新建一个工程 UIDemo，保存场景 UIText。

（2）点击 Hierarchy 视图中 "Create" → "UI" → "Text"，并取名 "TimeTxt"。

（3）新建一个脚本 "TimeTxt"，挂载给画布 Canvas，具体代码如下：

```
using UnityEngine.UI; //引入 UI 的命名空间
public class TimeTxt: MonoBehaviour
{
    float tempTime = 0; //计时的变量
    int totalTime = 0; //总时间
    public Text timeTxt;//Text 变量
    void Update()
    {
        tempTime += Time.deltaTime;
        //每次计时 1 秒，再计算分钟和秒数
        if(tempTime >= 1)
        {
            tempTime = 0; //计时变量清零
            totalTime += 1; //总时间加 1
            int fen = totalTime / 60; //计算分钟数
            int miao = totalTime % 60; //计算秒数
```

```
        //字符串拼接 00: 00(两位显示，不够补零)
        string str = string.Format("{0: D2}: {1: D2}", fen, miao);
        timeTxt.text = str;//把时间赋给文本组件 Text 的 text 属性，让界面显示
      }
    }
}
```

（4）按下[Ctrl+S]，保存场景，运行程序，结果如图 10-2 所示。

图 10-2　计时器运行结果

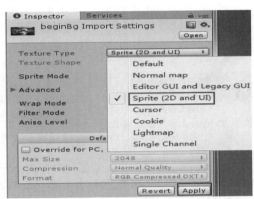

图 10-3　修改图片类型

10.3　Panel 控件、Image 控件和 RawImage 控件

Panel 控件是覆盖在整个屏幕上的面板，可以作为整个 UI 界面的背景，使用的图片需要是 Sprite（图片精灵）类型的纹理，在开发过程中需要将图片类型转为 Sprite。

图像控件（Image）和原始图形控件（RawImage）用来显示非交互式图像，可用于作为装饰、图标等。图像控件需要 Sprite（图片精灵）类型的纹理，在开发过程中需要将图片类型转为 Sprite。选中图片，在

Image 控件

属性面板中将 Texture Type 参数修改为 Sprite（2D and UI），单击"Apply"按钮即可，如图 10-3 所示。原始图像控件可以接受任何类型的纹理，还可以呈现出场景中某个摄像机的渲染图，可以说是真正的使用最广泛、功能最全面、几乎涵盖任何模块、无所不用无所不能的组件，其参数如表 10-3 所示。

表 10-3　图像控件参数列表

属性	功能
Source Image（Texture）	表示要显示的图像纹理
Color	应用与图像的颜色，相当于在当前图片上打一盏灯
Material	图像着色需要的材质

续表

属性	功能
Image Type	显示图像的类型，包括 Simple、Sliced、Tiled 和 Filled。Simple：默认情况下适应控件的矩形大小。如果启用 Preserve Aspect 选项，图像的原始比例会被保存，剩余的矩形部分会被空白填充。Silced：图片被切成九宫格模式，图片的中心被缩放以适应矩形控件，边界会仍然保持它的尺寸，禁用 Fill Center 选项后图像的中心仍被挖空。Tiled：图像保持原始大小，如果控件的大小大于原始图大小，图像会重复填充到控件中；如果控件大小小于原始图片，则图片会被在边缘处截断。Filled：图像被显示为 Simple 类型，但是可以调节填充模式和参数使图像呈现出从空白到完整的填充的过程
Preserve Aspect（仅适用 Simple 和 Filled 模式）	图像的原始比例的高度和宽度是否保持相同比例
Fill Center（仅适用 Sliced 和 Tiled 模式）	是否填充图像的中心部分
Fill Method（仅适用 Filled 模式）	用于指定动画中图像的填充方式，包括 Horizontal、Vertical、Radial90、Radial180 和 Radial360
Fill Origin（仅适用 Filled 模式）	填充图像的起始位置，包括 Bottom、Right、Top 和 Left
Fill Amount（仅适用 Filled 模式）	当前填充图像的比例
Clockwise（仅适用 Filled 模式）	填充方向是否为顺时针
Set Native Size	设置图像框尺寸为原始图像纹理的大小
UV Rect	在控件矩形中图像的偏移和尺寸以归一化坐标的形式表示，图像的边缘被拉伸以填充 UV 矩形周围控件

1. 制作一个水平填充条

（1）打开工程 UIDemo，创建一个新的场景 UIImage。

（2）导入 UI 文件夹，点击 Hierarchy 视图中"Create"→"UI"→"Panel"，选中 Project 视图 UI 文件夹下的 load 这张图，并更改为 Sprite（图片精灵）类型，把它赋值给 Panel 控件的 Source Image 属性，作为整个 UI 界面的背景，如图 10-4 所示。

（3）点击 Hierarchy 视图中"Create"→"UI"→"Image"，并更名为"LoadBgImg"，选中 Project 视图 UI 文件夹下的 loadbarend 这张图，并更改为 Sprite（图片精灵）类型，把它赋值给 LoadBgImg 的 Source Image 属性，并调整好在屏幕中的位置，如图 10-5 所示。

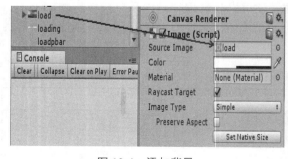

图 10-4　添加背景

图 10-5　添加背景进度条

（4）点击 LoadBgImg，配合按键[Ctrl+D]，复制出一条一样的填充条，更名为"LoadImg"。选中 Project 视图 UI 文件夹下的 loadpbar 这张图，并更改为 Sprite（图片精灵）类型，把它赋值给 LoadImg 的 Source Image 属性，作为前景滚动条。更改它的 Image Type 类型为 Filled 填充类型，Fill Method 填充方法为 Horizontal，Fill Origin 填充方向为 Left，如图 10-6 所示。

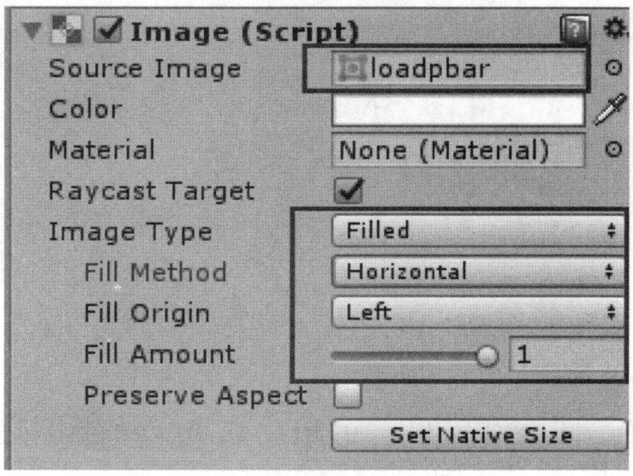

图 10-6　前景滚动条属性设置

（5）新建一个脚本"LoadImg"，挂载给画布 Canvas，具体代码如下：

```
using UnityEngine.UI; //引入 UI 命名空间
public class LoadImg: MonoBehaviour {
public Image loadImg; //进度条的图片组件(把前景滚动条拖给这个变量)
float tempTime2 = 0; //加载的计时变量
    void Update(){
        tempTime2 += Time.deltaTime;
        //20S 加载完
         loadImg.fillAmount = tempTime2/20;


    }
}
```

（6）按下[Ctrl+S]，保存场景，运行程序结果如图 10-7 所示。

图 10-7　水平填充条运行结果

2. 制作圆形小地图

（1）打开工程 UIDemo，搭建简易的场景，保存场景为 UIRawImg，如图 10-8 所示。

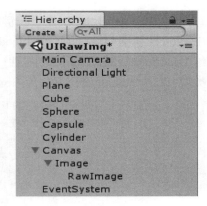

图 10-8　搭建场景

图 10-9　创建 UI

（2）准备一张圆形的 png 格式图片"mask"，背景是透明的。点击 Hierarchy 视图中"Create"→"UI"→"Image"，把位置调整到屏幕右上角，在 Image 下创建一个"RawImage"，大小位置与 Image 重叠并作为其子物体，如图 10-9 所示。

（3）点击 Hierarchy 视图中"Create"→"Camera"，创建一个相机，命名为"Cameramap"。调整相机的位置，使其看到场景的全景。在 Project 视图中右击"Create"→"Render Texture"，创建一个材质，命名为"Map Texture"。把 Map Texture 赋值给 Cameramap 相机中的 Target Texture 属性，以及 Raw Image 控件下的 Texture 属性中，如图 10-10 和图 10-11 所示，此时在场景的右上角呈现方形的小地图，如图 10-12 所示。

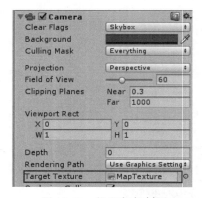

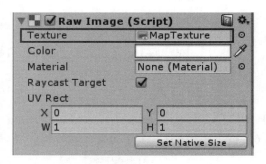

图 10-10　设置相机材质

图 10-11　设置 Raw Image 材质

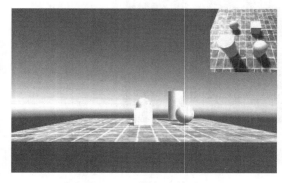

图 10-12　添加小地图

图 10-13　添加 Mask 组件

（4）点击 Image 控件，在 Inspector 视图中，点击 Add Component 添加组件按钮，输入 "Mask"给 Image 添加 Mask 遮罩组件，如图 10-13 所示。它可以用来修饰控件子元素的外观，遮罩将子元素限制为父物体的形状，如果子物体大于父物体，将只显示和父物体大小相同的那一部分。把圆形图片 mask 赋值给 Image 控件的 Source Image 属性中，如图 10-14 所示。这时小地图呈现为圆形，如图 10-15 所示。

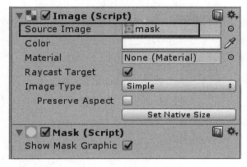

图 10-14　设置图片纹理

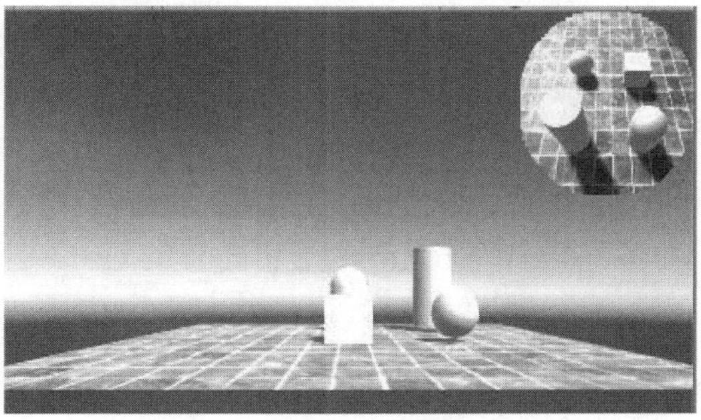

图 10-15　圆形小地图

（5）按下[Ctrl+S]，保存场景。

10.4　锚点（Anchors）

在 Scene 视图中使用矩形变换可以平移缩放和旋转 GUI 控件，当用户选择一个 GUI 控件后，单击工具栏中█按钮，用户可以在控件内部单击并拖动来改变位置，也可以在控件的边角单击并拖动来改变它的大小，当鼠标悬浮在拐角附近光标变为可旋转符号的时候，可以单击并朝任意方向拖动来旋转该控件。

矩形变换有一个锚点的布局概念。如果一个矩形变换的父对象也是一个矩形变换，作为子物体的矩形边还可以通过多种方式固定在父物体的矩形变换上，例如，子物体可以固定在父物体的中心点；在固定锚点时也允许基于父对象的宽高按制定的百分比拉伸。在 Scene 视图中，锚点以四个三角形手柄的形式表现，每一个手柄都对应固定于相应父物体的矩形的角，用户可以单独拖拽每一个锚点，当它们在一起的时候，也可以点击它们的中心一起移动，如图 10-16 所示。

在 Inspector 视图中，锚点预置按钮（Anchor Presets）在矩形变换组件左上角。单击该按钮打开预置描点的下拉列表，配合[Alt]键可以便捷地选择常用的锚点选项，如图 10-17 所示。可以将 GUI 按件固定在父物体的某一边或中心，或拉伸到与父对象相同的大小。

每一个锚点手柄都有一个相对于游戏对象固定的偏移量，也就是说左上角的锚点手柄对应于 GUI 游戏物体的左上角有一个固定的偏移量，轴心点规定了游戏物体的位置和锚点的对应关系。基于锚点在矩形变换组件的位置将显示不同的区域，当所有的锚点手柄在一起的时候，该区域显示 PosX、PosY、Width 和 Height；而当锚点分开的时候，该区域将部分或全部显示为 Top、Bottom、Left 和 Right。

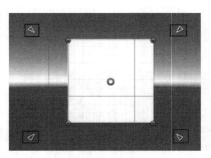

图 10-16　设置锚点

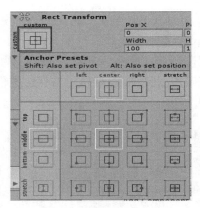

图 10-17　锚点预置

10.5　Button 控件

Button 控件

Button 控件是在游戏界面比较常用的控件之一，每个游戏界面中都会有交互式的 Button 控件，它是一个简单的复合控件，按钮上的文字由"Text"负责展示，按钮的外观是由"Image"负责显示，按钮的行为和事件是由"Button（Script）"组件构成，其参数如表 10-4 所示。

表 10-4　Button 参数列表

属性	功能
Interactable	是否启用交互。如果取消勾选，则此 Button 在运行时将不可单击，即失去了交互性
Transition	过渡方式，包括 None：没有过渡方式；Color Tint：颜色过渡，参数如表 10-5 所示；Sprite Swap：精灵过渡，需要使用相同功能、不同状态的贴图，参数如表 10-6 所示；Animation：动画过渡，参数如表 10-7 所示
Navigation	确定控件的顺序
On Click	响应按钮的单击事件，当用户单击并释放按钮的时候触发

表 10-5　Color Tint 参数列表

属性	功能
Target Graphic	目标图像
Normal Color	正常颜色
Highlighted Color	经过高亮颜色
Pressed Color	单击时候颜色
Disabled Color	禁用时候颜色
Color Multiplier	颜色倍数
Fade Duration	变化持续的时间

表 10-6　Sprite Swap 参数列表

属性	功能
Target Graphic	目标图像
Highlighted Sprite	鼠标经过时的贴图
Pressed Sprite	单击时的贴图
Disabled Sprite	禁用时的贴图

表 10-7　Animation 参数列表

属性	功能
Normal Trigger	普通触发
Highlighted Trigger	鼠标经过时触发
Pressed Trigger	单击时触发
Disabled Trigger	禁用时触发

　　Button 按钮在单击之后会实现特定功能，这就需要为按钮添加单击监听，下面介绍通过 Button 组件中的 On Click 方法添加按钮单击监听。

　　（1）打开工程 UIDemo，新建场景 UIBtn。

　　（2）点击 Hierarchy 视图中"Create"→"UI"→"Panel"，选中 Project 视图 UI 文件夹下的 floor 这张图，并更改为 Sprite（图片精灵）类型，把它赋值给 Panel 控件的 Source Image 属性，作为整个 UI 界面的背景。

　　（3）点击 Hierarchy 视图中"Create"→"UI"→"Text"，并在 Text 的文本框中输入"你点击了 Button 按钮"，设置字体的大小颜色和 Text 控件的大小位置。

　　（4）点击 Hierarchy 视图中"Create"→"UI"→"Button"，选中 Project 视图 UI 文件夹下的 button03 这张图，并更改为 Sprite（图片精灵）类型，把它赋值给 Button 控件的 Source Image 属性，调整 Button 控件的大小和位置。

　　（5）选中 Text 控件，在其属性面板中将控件名称前面的选项勾掉，就是将 Text 的 Active 置为 false（即为不可见），如图 10-18 所示。UI 界面效果如图 10-19 所示。

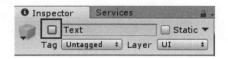

图 10-18　取消激活 Text 控件

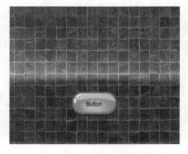

图 10-19　单击按钮前

　　（6）新建脚本"ActiveBtn"，挂载给 Canvas 画布，具体代码如下：

```
using UnityEngine.UI;//引入命名空间
public class ActiveBtn: MonoBehaviour {
    public GameObject obj;//声明 Text 游戏对象
```

```
        private int count = 1;//声明计数器变量
        void Update(){
            //当计数器可以整除 2 时
            if(count % 2 == 0)
                //将 Text 游戏对象激活
                obj.SetActive(true);
            else
                obj.SetActive(false);
        }
        //声明 ActBtn 方法
        public void ActBtn()
        {//计数器累加
            count++;
        }
    }
```

（7）选中 Canvas 对象，将 Text 控件的游戏对象赋值给 Inspector 视图中 ActiveBtn 组件的 Obj 变量，如图 10-20 所示。选中 Button 对象，点击 Inspector 视图中 Button 组件的 On Click() 事件下的 "+" 按钮，添加监听。将 Canvas 拖给左侧栏（即脚本挂载的对象），在右侧栏下拉列表中找到编写的脚本和方法，如图 10-21 所示。

图 10-20　obj 变量赋值　　　　　　　　　　　图 10-21　添加监听

（8）按下[Ctrl+S]，保存场景，运行程序，结果如图 10-22 所示。

图 10-22　程序运行结果　　　　　　　　　　　图 10-23　btn 变量赋值

（9）添加事件监听的方法，还可以在代码里添加按钮回调，先找到按钮对象，找到其身上的 Button 脚本，通过 AddListener 添加按钮回调方法，修改 ActiveBtn 脚本如下：

```
public class ActiveBtn : MonoBehaviour {
    public GameObject obj; //声明 Text 游戏对象
```

```
private int count = 1; //声明计数器变量
public Button btn;   //按钮组件（把按钮托给这个变量）

void Awake()
{   //通过 Button 组件，给按钮添加点击的监听事件
    btn.onClick.AddListener(ActBtn );
}

void Update () {
    //当计数器可以整除 2 时
    if (count % 2 == 0)
        //将 Text 游戏对象激活
        obj.SetActive(true);
    else
        obj.SetActive(false);

}
//声明 ActBtn 方法
public void ActBtn()
{//计数器累加
    count++;
}
}
```

（10）先把原来的监听去除，点击 Button 组件的 On Click()事件下的 "-" 按钮。把 Button 对象赋值给 Btn 变量，如图 10-23 所示。按下[Ctrl+S]，保存场景，运行程序得到和原来一样的效果，点击按钮文本框出现，再点击按钮文本框消失。

Toggle 控件

10.6　Toggle 控件

　　Toggle 控件是一个允许用户选择或取消选中某个选项的复选框，比如最常见的音效开关，这些开关功能都是通过 Toggle 控件来实现的。另外 Toggle 还可以打包成组，可以将多个 Toggle 按钮加入一个组，则它们之间只能有一个处于选中状态。Toggle 大部分属性等同于 Button 组件，同为按钮，不同的只是它自带了组合切换功能，当然这些用 Button 也是可以实现的。Toggle 控件的参数列表如表 10-8 所示。

表 10-8   Toggle 参数列表

属性	功能
Interactable	是否开启此开关的交互
Transition	控制开关过渡的方式
Navigation	导航，确认控件的顺序
Visualize	使导航顺序在 Scene 窗口中可视化
Is On	初始时控件是否启用
Toggle Transition	当 Toggle 的值改变的时候，响应用户的操作方式
Graphic	Toggle 被勾选时显示的图形
Group	表示 Toggle 所在的 Toggle group，属于同一组的 Toggle 控件，一次只能选择其中一个 Toggle，当一个 Toggle 被选中时其他的选中就会自动消失
On Value Changed	当控件的值改变时，处理控件值切换时的响应

下面制作一个简单的音乐开关案例。

（1）打开工程 UIDemo，新建场景 UITog。

（2）点击 Hierarchy 视图中"Create"→"UI"→"Panel"，选中 Project 视图 UI 文件夹下的 floor 这张图，并更改为 Sprite（图片精灵）类型，把它赋值给 Panel 控件的 Source Image 属性，作为整个 UI 界面的背景。

（3）点击 Hierarchy 视图中"Create"→"Create Empty"，更名为"TogGroup"。在 TogGroup 下创建三个 Toggle 控件作为其子物体，即选中 TogGroup 对象，点击 Hierarchy 视图中"Create"→"UI"→"Toggle"。并更改三个 Toggle 控件的名字分别为 On、Pause、Stop，如图 10-24 所示。同时在 Lable 控件的 Text 属性文本中分别输入播放、暂停和停止，以提高可读性，如图 10-25 所示。

图 10-24   搭建场景

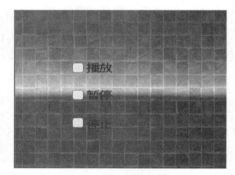

图 10-25   场景效果图

（4）将 Toggle 控件打包成组。在 Hierarchy 视图中选中 TogGroup 对象，在 Inspector 视图中点击"Add Component"按钮，输入"Toggle Group"，添加该组件，如图 10-26 所示。

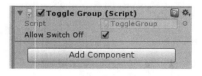

图 10-26   添加 Toggle Group 组件

（5）将 TopGroup 游戏对象分别拖拽到三个 Toggle 控件的 Group 参数中，同时将三个 Toggle 控件的 Is On 属性取消勾选，如图 10-27 所示。这时候运行程序，可以分别选择不同的开关。

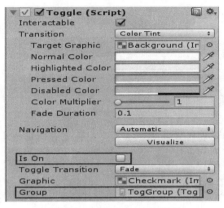

图 10-27　设置 Toggle 属性

（6）新建一个脚本"MusicTog"，挂载给 Canvas 画布，给 Canvas 添加 Audio Source 组件，并将 Project 视图中 commemorate 音乐拖拽给 Audio Source 组件的 Audio Clip 属性，取消勾选 Play On Awake，如图 10-28 所示，具体代码如下：

```
using UnityEngine.UI;
public class MusicTog: MonoBehaviour
{
        AudioSource musics;//声明音乐变量
        void Start()
        {//获取音乐组件
            musics = this.GetComponent<AudioSource>();
        }
        //定义音乐播放方法
        public void PlayClick()
                {//当音乐没有正在播放时
                if(!musics.isPlaying)
                //播放音乐
                musics.Play();
        }
        //定义音乐暂停方法
        public void PauseClick()
        {
            if(musics.isPlaying)
            musics.Pause();
        }
        //音乐停止播放方法
        public void StopClick()
```

```
        {
            if(musics.isPlaying)
            musics.Stop();
        }
    }
```

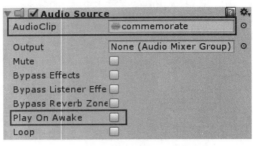

图 10-28　添加音乐组件

（7）给三个 Toggle 控件分别添加监听事件，将 Canvas 拖入左侧，右侧下拉框中选择 MusicTog 下的不同方法，如图 10-29 至图 10-31 所示。

图 10-29　播放监听事件

图 10-30　暂停播放监听事件

图 10-31　停止播放监听事件

（8）运行游戏，通过三个 Toggle 开关来播放、暂停和停止音乐，按下[Ctrl+S]，保存场景。

10.7　Slider 控件和 Scrollbar 控件

大多数游戏界面都会存在一些控制部件，比如最常见的音量调节滑杆、灵敏度调节滑杆等，这些都可以通过 Slider 或者 Scrollbar 控件来实现。Slider 控件内部有三个子控件，Background 是整个 Slider 的背景，Fill Area 下的子对象 Fill 为滑块起点与滑块当前位置之间的部分，Handle Slide Area 下的 Handle 子对象是可移动的滑块按钮，具体参数如表 10-9 所示。

Scrollbar 控件和 Slider 控件在结构和功能上是比较相似的，区别在于 Slider 用于选择数值，而 Scrollbar 主要用于滚动视图。熟悉的例子包括在文本编辑器中的垂直滚动条和查看一张大的图像和地图的一部分时的一组垂直和水平的滚动条，具体参数如表 10-10 所示。

表 10-9　Slider 参数列表

属性	功能
Interactable	是否开启此滑动条的交互
Transition	控制滑动条响应用户操作的方式
Navigation	确定控件的顺序
Fill Rect	填充控件区域的图形
Handle Rect	滑动处理部分的图形，即滑动条上的滑块
Direction	滑动的方向
Min Value	滑块滑动的最小值
Max Value	滑块滑动的最大值
Whole Numbers	滑块值是否限定为整数值
Value	滑块的当前数值
On Value Changed	每当滑块的数值由于拖动被改变时调用

表 10-10　Scrollbar 参数列表

属性	功能
Interactable	是否开启此滚动条的交互
Transition	控制滚动条响应用户操作的方式
Navigation	确定控件的顺序
Handle Rect	滚动处理部分的图形，即滚动条上的滑块
Direction	滚动的方向
Value	ScrollBar 的初始值，范围为 0.0～1.0
Size	滑块大小，范围为 0.0～1.0
Number of Steps	ScrollBar 控件所允许的独特的滚动位置数目
On Value Changed	每当滚动条的数值由于拖动被改变时调用

下面举个简单的案例，利用 Slider 控件控制音乐的音量大小。

（1）打开工程 UIDemo，打开场景 UITog。

（2）点击 Hierarchy 视图中"Create"→"UI"→"Slider"，调整 Slider 在窗口中的位置，如图 10-32 所示。打开脚本文件"MusicTog"，并添加如下代码：

```
public Slider MusicSli; //声明 Slider 变量
//定义调整音量的方法
void Start()
{    //获取音乐组件
    musics = this.GetComponent<AudioSource>();
    //初始化音乐的音量
    musics.volume = MusicSli.value;
}
```

```
public void VolumeClick()
{//将 Slider 的 value 值作为音乐的音量值
    musics.volume = MusicSli.value;

}
```

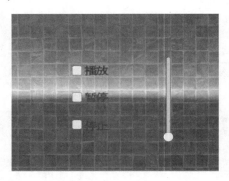

图 10-32　搭建场景　　　　　　　　图 10-33　Slider 添加监听事件

（3）选择 Canvas 游戏对象，在 Inspector 视图中，将 Slider 控件赋值给 MusicSli 变量，同时给 Slider 添加监听事件，将 Canvas 拖拽给左侧，在右边下拉列表中选择 MusicTog 脚本下的 VolumeClick()方法，如图 10-33 所示。

（4）运行游戏，实现用 Slider 控件控制音乐的音量，按下[Ctrl+S]，保存场景。

10.8　其他控件

1. InputField 控件

部分游戏界面中会要求玩家输入自己的账号名称用于在游戏中区别于其他人，这就需要 InputField 控件来完成，它是 UGUI 系统中的输入框控件。在移动设备上使用时，该控件获得焦点后就会弹出用于输入的键盘。InputField 控件的子对象里，Placeholder 是用于显示默认信息的文本框，Text 则是用来显示用户输入的文本。该控件可以监听两种事件：On Value Change 和 End Edit，分别表示当输入框的内容发生改变时以及用户输入结束时两种情况，具体参数如表 10-11 所示。

表 10-11　InputField 参数列表

属性	功能
Interactable	控制组件是否接受输入
Transition	控制响应用户操作的方式
Navigation	确定控件的顺序
Text Component	用于接收输入和显示字符的文本控件
Text	输入的字符值
Character Limit	文本输入的最大字符数

续表

属性	功能
Content Type	选择输入文本的类型。包括 Standard（标准）、Autocorrected（自动更正）、Integer Number（整型数）、Decimal Number（十进制数）、Alphanumeric（字母数字）、Name（自动大写首字母）、Email Address（电子邮件地址）、Password（密码，用*自动隐藏用户输入的内容，可输入符号）、Pin（Pin 码，用*自动隐藏用户输入的内容，只可输入数字）、Custom（自定义）
Line Type	文本的行类型。Single：超过边界也不换行，只有一行；multi Line Submit：超过边界换行；multi Line Newline：超过边界新建换行
Placeholder	当输入栏没有输入或输入值为空时显示的文本
Caret Blink Rate	插入符号闪烁的速度
Caret Width	输入宽度
Custom Caret Color	选择输入颜色
Selection Color	选中部分的文本背景颜色
Hide Mobile Input	是否在移动端隐藏输入栏
Read Only	是否只读
On Value Changed	当输入值发生变化时调用
End Edit	结束编辑时调用

2. Dropdown 控件

可以使用 Dropdown 控件，制作下拉菜单，具体参数如表 10-12 所示。

表 10-12　Dropdown 参数列表

属性	功能
Template	所包含的 Template 组件，里面主要包含滑动器等内容
Caption Text	包含的下拉内容文字
Caption Image	包含的内容图片
Item Text	被隐藏起来的下拉内容的文字
Item Image	被隐藏起来的内容图片
Value	索引号，0 是下拉的第一个选项，1 是第二个选项
Options	表示下拉列表中的内容组件，可以为每个选项指定文本字符串和图像

3. Scroll View 控件

游戏中很多 UI 设计都需要用到 Scroll View 控件，如排行榜、聊天室、背包等，具体参数如表 10-13 所示。

Scroll View 控件

表 10-13　Scroll View 参数列表

属性	功能
Content	展示内容，即需要滚动的内容
Horizontal	是否支持水平滚动
Vertical	是否支持垂直滚动
Movement Type	滚动类型
Elasticity	弹性类型，配合 Elasticity 设置弹性大小值
Inertia	拖动的惯性，是否允许惯性，默认是，配合减速设定使用
Deceleration Rate	衰减速率
Scroll Sensitivity	滚动灵敏度
Viewport	视口
Horizontal Scrollbar	水平滚动条
Vertical Scrollbar	垂直滚动条

下面举个简单的例子讲解 Scroll View 控件的使用。

（1）打开工程 UIDemo，新建场景 UIScrol。

（2）点击 Hierarchy 视图中"Create"→"UI"→"Scroll View"，调整 Scroll View 控件屏幕中的位置。点击 Scroll View 控件下的 Content 子控件，在 Content 子控件下创建 24 个 Image 控件，并赋予 Sprite 类型的纹理图片 floor，如图 10-34 所示。

（3）选择 Scroll View 控件下的 Content 子控件，为其添加"Grid Layout Group"网格布局组件，调整图片间距 X=20，Y=20，设置 Constraint 属性为 Fixed Column Count 固定列，并将 Constraint Count 设置为 4 列。再添加"Content Size Fitter"组件，设置水平垂直的自适应为 Min Size，如图 10-35 所示。

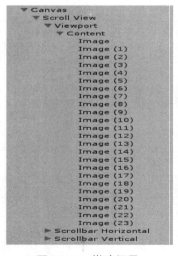

图 10-34　搭建场景

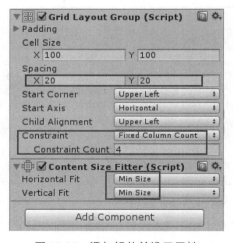

图 10-35　添加组件并设置属性

（4）选择 Scroll View 控件，取消打钩 Horizontal 属性，如图 10-36 所示，使面板只显示垂直滚动轴。

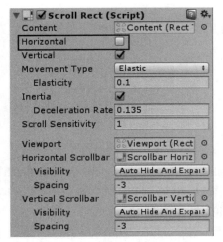

图 10-36　设置 Scroll View 属性

图 10-37　游戏运行结果

（5）运行游戏，结果如图 10-37 所示，点击滚动轴可以实现图片的滚动显示。按下[Ctrl+S]，保存场景。

UI

10.9　综合案例

前面已经介绍了 Unity3D 集成开发环境中 UGUI 的基本知识，下面案例是基于 UGUI 技术实现一套完整的游戏界面，其中包括游戏介绍的打字机效果，游戏登录界面，场景跳转等内容。

（1）打开坦克工程 TankDemo，新建一个场景 "UI"，导入 UI 文件夹和音乐文件夹。

（2）创建游戏剧情界面（打字机效果、背景音乐）。新建一个 Image 控件，更名为 "IntroduceGameWnd"，背景色改为全黑，如图 10-38 所示，设置锚点为最后一个即全屏填充。并将 Canvas 画布的填充方式设置为 Scale With Screen Size，即根据屏幕尺寸设置画布大小，如图 10-39 所示。

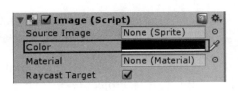

图 10-38　图片背景色设置

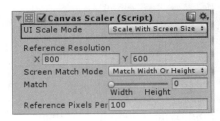

图 10-39　设置 Canvas 属性

在 IntroduceGameWnd 下创建一个 Text 组件，更名为 "IntroducTxt"，将锚点设置为固定上半部分，并调整大小和位置。在 IntroducGameWnd 下再创建一个 Text 组件，更名为 "FlashTxt"，在其 Text 属性中输入文字 "按任意键跳过剧情…"，调整锚点为右下角。游戏剧情界面如图 10-40 所示，层级视图如图 10-41 所示。

图 10-40　游戏剧情界面

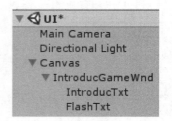

图 10-41　游戏剧情层级视图

（3）制作 FlashTxt 文本控件的闪烁效果。选中 FlashTxt，按下[Ctrl+6]键，保存为 FlashTxt 文件名，在跳出的 Animation 面板中添加颜色属性，如图 10-42 所示。增加一帧，改变 FlashTxt 文本控件下的 Color 属性的透明度，这样就有了闪烁的效果，如图 10-43 所示。

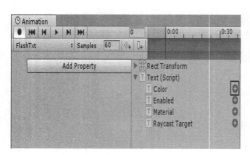

图 10-42　添加动画

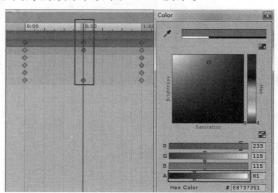

图 10-43　制作闪烁功能

（4）制作游戏登录界面（输入账号、密码、登录按钮、设置按钮）。先把 IntroducGameWnd 控件隐藏掉。在 Canvas 下创建一个 Image 组件，更名为"LoginWnd"，设置锚点为全屏模式，并将 Project 视图中 UI 文件夹下的 beginBg 纹理图赋予该组件的 Source Image 属性，作为登录界面的背景，如图 10-44 所示。

图 10-44　登录界面背景

图 10-45　账号密码背景框

在 LoginWnd 下再创建一个 Image 组件，更名为"Bg"，并将 Project 视图中 UI 文件夹下的 frame032 纹理图赋予该组件的 Source Image 属性，设置锚点为居中模式，调整 Bg 控件的大小，作为登录界面的背景，如图 10-45 所示。

在 Bg 下创建一个 Text 控件，更名为"NameTxt"，在它的 Text 属性中输入文本"账号"，设置锚点为左上角，调整它的位置。选中 NameTxt 配合[Ctrl+D]，就创建一个一样的文本控件，更名为"PswTxt"，在它的 Text 属性中输入文本"密码"，调整它的位置。

　　接着在 Bg 下创建一个 Input Field 控件，更名为"NameInputField"，作为账号输入框，如果不想原始有输入，可以把 Placeholder 下属性窗口中的 Text 属性的文字清掉。选中 NameInputField 在属性窗口可以设置输入字的长度，Character limit 属性为 8。用同样的方法在 Bg 下创建一个名为"PswInputField"的文本输入框，设置类型为密码，则显示为*，即 Content Type 属性设置为 Password。

　　在 Bg 下创建一个 Button 控件，更名为"BeginBtn"，锚点固定在蓝色背景的底部，并将 Project 视图中 UI 文件夹下的 botton03 纹理图赋予该组件的 Source Image 属性。游戏登录界面如图 10-46 所示，层级结构如图 10-47 所示。

图 10-46　游戏登录界面

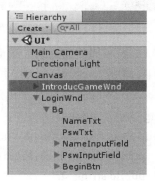

图 10-47　游戏层级视图

　　（5）制作账号密码错误提示界面。在 LoginWnd 控件下创建一个 Image 控件，更名为"ErrorWnd"，并将 Project 视图中 UI 文件夹下的 frame064 纹理图赋予该组件的 Source Image 属性，设置锚点为居中模式，调整 ErrorWnd 控件的大小，作为账号密码错误提示界面的背景。在 ErrorWnd 控件下创建一个 Text 控件，并在它的 Text 属性中输入文本"账号或密码错误…"，如图 10-48 所示，层级结构如图 10-49 所示，创建好后将 ErrorWnd 控件隐藏掉，通过代码来激活它。

图 10-48　ErrorWnd 界面

图 10-49　ErrorWnd 层级视图

　　（6）制作游戏加载界面。先把 IntroduceGameWnd 控件和 LoginWnd 控件隐藏掉。在 Canvas 下创建一个 Image 组件，更名为"LoadingWnd"，设置锚点为全屏模式，并将 Project 视图中 UI 文件夹下的 load1 纹理图赋予该组件的 Source Image 属性，作为游戏加载界面的背景。在 LoadingWnd 下创建三个 Image 控件，分别更名为"LoadBg""LoadF"和"FlashImg"，并赋予纹理图 loadpbarend、loadpbar 和 loading，给 FlashImg 控件制作闪烁的动画效果，这里就不再赘述，界面如图 10-50 所示，层级视图如图 10-51 所示。

图 10-50　游戏加载界面

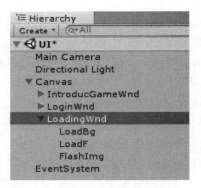

图 10-51　游戏加载层级视图

（7）UI 界面都创建好后，激活 IntroduceGameWnd 控件，把 LoginWnd 控件、LoadingWnd 控件都隐藏掉，接下来编写脚本。新建一个脚本"IntroduceGameWnd"，挂载给 IntroduceGameWnd，实现打字机效果，具体代码如下：

```
using UnityEngine.UI;
public class IntroducGameWnd: MonoBehaviour {
    public GameObject loginWnd; //登录界面
    public string str;    //游戏的介绍内容
    public float speed = 0.3f;    //打字机的速度
    private Text introducTxt;    //游戏介绍的文本组件
    private int index = 0; //当前打印到哪个字
    private string tempStr; //当前已经打的字
    void Awake()
    {
        //查找 IntroducTxt 对象，获取它身上的文本组件 Text
        introducTxt = transform.Find("IntroducTxt").GetComponent<Text>();
    }
    void Start(){
        InvokeRepeating("TypeWriter", 1, speed);
    }
    void Update(){
        //检测是否有任意键按下
        if(Input.anyKey)
        {
            //切换到登录界面
            loginWnd.SetActive(true);
            //隐藏游戏介绍界面
            gameObject.SetActive(false);
        }
    }
```

```
//打字机
void TypeWriter()
{
    //拼接新的字符
    tempStr += str[index];
    //指向下一个字符
    index++;
    if(index>=str.Length)
    {
        CancelInvoke("TypeWriter");
        //切换到登录界面
        loginWnd.SetActive(true);
        //隐藏游戏介绍界面
        gameObject.SetActive(false);
    }
    //把拼接完后的新字符, 赋值给文本组件(刷新到界面上)
    introducTxt.text = tempStr;
}
}
```

在 IntroduceGameWnd 控件的属性面板中，将 LoginWnd 控件赋值给 loginWnd 变量，并在 Str 变量中输入游戏介绍的文本，如图 10-52 所示，程序运行如图 10-53 所示。

图 10-52 变量赋值

图 10-53 游戏介绍运行界面

（8）新建一个脚本 LoginWnd，挂载给 LoginWnd，当账号 admin 和密码 123456 都正确的情况下，点击按钮可以跳转到游戏加载界面，如果错误跳出错误提示界面，具体代码如下：

```
using UnityEngine.UI; //引入 UI 的命名空间
public class LoginWnd: MonoBehaviour {
    public GameObject loadingWnd;   //加载界面
    public GameObject errorWnd;    //错误提示小界面
    private InputField nameInput;   //账号的输入框组件
    private InputField pswInput;    //密码的输入框组件
    private Button beginBtn;       //登录按钮组件
```

```
    void Awake()
    {
        //找到名字输入框, 从它身上获取输入框组件 InputField
        nameInput = GameObject.Find("NameInputField").GetComponent<InputField>();
        //找到密码输入框, 从它身上获取输入框组件 InputField
        pswInput = GameObject.Find("PswInputField").GetComponent<InputField>();
        //找到登录按钮, 从它身上获取按钮组件 Button
        beginBtn = GameObject.Find("BeginBtn").GetComponent<Button>();
        //给按钮绑定点击方法
        beginBtn.onClick.AddListener(BeginBtnCall);
    }
    //登录按钮的回调方法, 玩家点击登录按钮执行
    void BeginBtnCall()
    {
        //获取用户输入的账号
        string name = nameInput.text;
        //获取用户输入的密码
        string psw = pswInput.text;
        //判断用户输入的账号和密码是否正确
        if(name=="admin" && psw=="123456")
        {//加载界面激活
            loadingWnd.SetActive(true);
            //当前界面隐藏
            gameObject.SetActive(false);
        }
        else
        {
            errorWnd.SetActive(true);
        }
    }
}
```

选中 LoginWnd 控件, 在它的属性面板中将 LoadingWnd 控件赋值给 loadingWnd 变量, 将 ErrorWnd 控件赋值给 errorWnd 变量, 如图 10-54 所示。

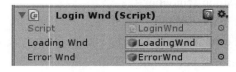

图 10-54 变量赋值

（9）创建一个脚本"ErrorWnd", 挂载给 errorWnd 控件, 实现当错误提示窗口激活时, 2

秒后自动隐藏，重新进入登录界面输入账号和密码，具体代码如下：

```
public class ErrorWnd: MonoBehaviour {
    private float tempTime; //计时变量
    void Update(){
        //计时，加上每帧的时间
        tempTime += Time.deltaTime;
        //错误窗口显示 2 秒
        if(tempTime >= 2)
        {
            tempTime = 0;
            //隐藏自身(错误提示窗口)
            gameObject.SetActive(false);
        }
    }
}
```

（10）新建一个脚本"LoadingWnd"，挂载给 LoadingWnd 控件，实现当进度条加载完，调整到坦克游戏场景 TankGame，具体代码如下：

```
using UnityEngine.UI; //引入 UI 命名空间
using UnityEngine.SceneManagement; //引入场景加载的命名空间
public class LoadingWnd：MonoBehaviour {
    public Image loadImg;    //加载进度条的图片组件 Image
    private AsyncOperation asyn; //接受场景加载的进度
    private float tempTime = 0; //计时器变量
    void Start(){
        //利用协程来加载场景
        StartCoroutine(LoadScen());
    }
    void Update(){
        //计时
        tempTime += Time.deltaTime;
        //填充进度条
        loadImg.fillAmount = tempTime / 2;
        //两个条件同事满足，跳转场景：① 进度条填充完;② 场景加载完
        //(asyn.progress>0.89)
        if(tempTime>=2&&asyn.progress>0.89)
        {
            //跳转场景
            asyn.allowSceneActivation = true;
```

```
        }
    }
//加载场景方法
IEnumerator LoadScen()
{
        //异步加载场景，每一帧会把加载的进度通过 asyn 返还
        asyn = SceneManager.LoadSceneAsync("TankGame");
        //场景加载完后，不要自动跳转，等待 allowSceneActivation = true 再跳转
        asyn.allowSceneActivation = false;
        yield return asyn;
    }
}
```

注意：要实现不同场景的跳转，一定要将场景放到同一个发布窗口，执行 "File" → "Build Settings" 命令，在跳出的 Build Settings 窗口中将 UI 场景和 TankGame 场景拖拽入 Scenes In Build 窗口中。注意场景的顺序，场景列表中的数字就是运行的时候被加载的顺序，0 表示第 1 个加载的场景，可以通过上移和下移来调整顺序，点击 "Build" 按钮即可，如图 10-55 所示。

图 10-55　场景发布

（11）按下[Ctrl+S]，保存场景，保存工程为 "TankUIDemo"。

10.9　本章小结

在本章中介绍了 UGUI 系统，从整体上对图形用户界面组件下的各个控件进行详细的讲解，使读者可以熟悉地应用图形用户界面的各个控件，最后通过一个综合案例利用 UGUI 控件开发了一个完整的游戏界面。

第 11 章　水果忍者游戏开发

11.1　游戏简介

水果忍者这款游戏相信许多手游玩家都玩过，它作为一款经典的游戏，在很多玩家心中有不可替代的地位。该游戏是由澳大利亚公司 Halfbrick Studios 开发的一款休闲益智类游戏，于 2010 年 4 月 20 日在 iOS 平台推出。

游戏的操作极为简单，屏幕上会不断跳出各种水果，比如苹果、柠檬、西瓜等，玩家看到抛出的水果看准用鼠标在屏幕上移动划过去，就可以像忍者战士一样痛快地斩开水果了，在它们掉落之前要快速地全部砍掉；不过除了很多被抛出的水果外，也会混杂着出现炸弹一类的东西，一旦切到就会引发爆炸。切开不同的水果，会看到不同颜色的鲜艳果肉，各种颜色的果汁飞溅到半空，或者飞溅到墙上，还有独特的配乐。游戏设置了三个难度系数，对应不同的水果出现的速度，切到水果会加分，切到炸弹会扣分，游戏时间到终止游戏。

11.2　游戏场景搭建

（1）新建一个工程 FruitDemo，保存场景 Fruit，导入资源 Fruit.unitypackage。在场景中创建一个 Plane，更名为"Background"，将 Project 视图中 Texture 文件夹下 Bg 这张图拖给 Plane，作为游戏的背景，如图 11-1 所示。

（2）制作 Ready 和 Go 文本控件。在场景中创建一个 Text 控件，更名为"Ready"，在 Text 文本中输入"Ready"，设置锚点为屏幕居中，根据自己的喜好设置字体的类型、字号、颜色等。给 Ready 控件添加 Shadow 组件，即给字体添加阴影，设置阴影颜色和方向，如图 11-2 所示，效果如图 11-3 所示。用同样的方法，在 Canvas 下创建名为"Go"的 Text 控件，效果如图 11-4 所示，设置好后隐藏 Go 控件。

图 11-1　游戏背景

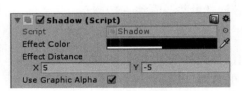

图 11-2　设置阴影属性

图 11-3　Ready 效果　　　　　　　　　　　图 11-4　Go 效果

（3）制作关卡面板控制游戏的难易度。创建一个 Image 控件，更名为"Level"，移除该控件的 Canvas Renderer 组件和 Image 组件，只剩下 Rect Transform 组件，这时它相当于一个容器，设置它的锚点在屏幕的左上方。在 LevelName 控件下创建一个名为"LevelBg"的 Image 控件和名为"LevelName"的文本控件。

点击 Project 视图中 Texture 文件夹下的 Box 图片，在它的属性面板中点击"Sprite Editor"按钮，设置它的九宫格样式，点击"Apply"按钮，如图 11-5 所示。将设置好的 Box 图片赋值给 LevelBg 控件的 Image 组件的 Source Image 属性，并设置图片的类型为九宫格（即 Sliced），如图 11-6 所示。Level 控件的层级结构如图 11-7 所示，效果如图 11-8 所示。

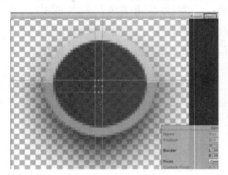

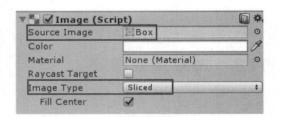

图 11-5　设置图片九宫格样式　　　　　　　图 11-6　设置图片属性

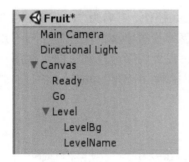

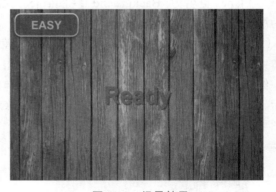

图 11-7　层级结构　　　　　　　　　　　图 11-8　场景效果

（4）用同样的方法创建时间和分数面板。在场景右上角中创建一个 Image 控件类型的空容器，更名为"RightCorner"，在它底下创建一个名为 TimeBg 的 Image 控件作为面板的背景，一个名为 Timer 的 Text 控件用于游戏计时，一个名为 Score 的 Text 控件用于记录游戏得分。

其层级结构如图 11-9 所示，效果如图 11-10 所示。

图 11-9　层级结构　　　　　　　　　　　　　图 11-10　场景效果

（5）制作暂停游戏按钮。在场景右下角创建一个名为 PauseBtn 的 Button 控件，将 Project 视图下的 Texture 文件夹中 Button 图片（九宫格）赋值给该控件的 Image 组件的 Source Image 属性，并将图片类型设置为九宫格类型，如图 11-11 所示，效果如图 11-12 所示。

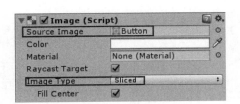

图 11-11　图片属性设置　　　　　　　　　　图 11-12　场景效果

（6）制作 Ready Go 的渐渐退出效果。新建一个脚本"TextFade"，分别挂载给 Ready 控件和 Go 控件，实现控件渐渐退出的效果，具体代码如下：

```
public class TextFade: MonoBehaviour {
    //渐退的速度
    public float speed = 0.5f;
    Color TxtColor;
    void Start(){
        TxtColor= GetComponent<Text>().color;
        }
    void Update(){
        if(gameObject.activeSelf)
            {//改变文本的透明度
            TxtColor.a -= Time.deltaTime * speed;
```

```
        GetComponent<Text>().color =TxtColor;
      }
    }
  }
```

创建一个空的游戏对象，取名为"GameManager"作为游戏的管理器，创建一个脚本"Prepare"挂载给 GameManger，控制游戏启动 1 s 后 Ready 显示，2 s 后 Ready 渐退、Go 显示，再过 1 s Go 渐退，具体代码如下：

```
public class Prepare: MonoBehaviour {
    public GameObject Ready;
    public GameObject Go;
    void Start(){
      //开启协程
      StartCoroutine(PrepareRoutine());
      }
    //协程方法
    IEnumerator PrepareRoutine()
    {
        //等待 1 s
        yield return new WaitForSeconds(1.0f);
        //显示 Ready
        Ready.SetActive(true);
        //等待 2 s
        yield return new WaitForSeconds(2.0f);
        Ready.SetActive(false);
        Go.SetActive(true);
        yield return new WaitForSeconds(1.0f);
        Go.SetActive(false);
      }
  }
```

选择 GameManger 游戏对象，在 Inspector 视图中，将 Ready 游戏对象赋值给 Ready 变量，Go 游戏对象赋值给 Go 变量，如图 11-13 所示。

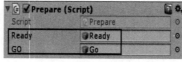

图 11-13　Prepare 组件赋值

（7）创建一个脚本"SharedSettings"，用于设置关卡的难易度，具体代码如下：

```
public class SharedSettings: MonoBehaviour {
    //计时时间
```

```
public static int ConfigTime = 30;//seconds
//游戏难度
public static int LoadLevel = 0;
//游戏难度名字
public static string[] LevelName = new string[] { "Easy", "Medium", "Hard"};
}
```

同时，修改 Prepare 脚本，使游戏界面关卡面板正确显示用户设置的游戏难易度，具体代码如下：

```
void Start(){
        //设置关卡面板显示的文本为 SharedSettings 脚本中的 LevelName
        [SharedSettings.LoadLevel]变量值
        GameObject.Find("Canvas/Level/LevelName").GetComponent<Text>().text =
        SharedSettings.LevelName[SharedSettings.LoadLevel];
        //开启协程
        StartCoroutine(PrepareRoutine());
    }
```

（8）制作游戏倒计时功能。新建一个脚本“Timer”，挂载给 GameManger 游戏对象，在 Inspector 视图中，将 Timer 游戏对象赋值给 TimerTxt 变量，具体代码如下：

```
using UnityEngine.UI;
public class Timer: MonoBehaviour {
        //游戏运行
        bool run = false;
        //倒计时变量
        bool showTimeLeft = true;
        //时间停止变量
        bool timeEnd = false;
        //开始时间
        float startTime = 0.0f;
        //当前时间
        float curTime = 0.0f;
        //显示时间变量
        string curStrTime = string.Empty;
        //游戏暂停
        bool pause = false;
        public float timeTotal;
        //显示时间
        public float showTime = 0;
        public Text TimerTxt;
        public GameObject finishedUI;
```

```
void Awake()
{
    timeTotal = SharedSettings.ConfigTime;
}
void Start()
{
    run = true;
    startTime = Time.time;
}
public void PauseTimer(bool b)
{
    pause = b;
}
void Update(){
    //游戏暂停
    if(pause)
    {
        startTime = startTime + Time.deltaTime;
        return;
    }
    //游戏运行
    if(run)
    {
        curTime = Time.time - startTime;
    }
    //游戏倒计时
    if(showTimeLeft)
    {
        showTime = timeTotal- curTime;
        //倒计时结束
        if(showTime <= 0)
        {
            timeEnd = true;
            //初始化显示时间
            showTime = 0;

            //弹出 UI 界面，告诉用户本轮游戏结束。
            //暂停/停止游戏
            finishedUI.SetActive(true);
```

```
        }
    }
    int minutes =(int)(showTime / 60);
    int seconds =(int)(showTime % 60);
    int fraction =(int)((showTime * 100)% 100);
    curStrTime = string.Format("{0：00}：{1：00}：{2：00}", minutes, seconds, fraction);
    TimerTxt.text = "Time：" + curStrTime;
    }
}
```

（9）制作水果预制体。把 Project 视图中 Models 文件夹下的苹果模型 apple 拖拽到场景中，创建一个名为 apple 的材质球，赋予"Texture"→"Fruits"文件夹下的 apple 这张贴图，如图 11-14 所示。点击 Hierarchy 视图中 apple 模型下的 apple_a 模型，给它添加 apple 的材质球，如图 11-15 所示，添加 Rigidbody 刚体组件，参数设置如图 11-16 所示。将 apple_a 模型拖拽到 Project 视图下的 Prefabs 文件夹中，形成 apple_a 的预制体。用同样的方法给 apple 模型下的 apple_b 模型创建 apple_b 的预制体，然后将场景中的 apple 模型删除。同理，制作 lemon_a、lemon_b、watermelon_a、watermelon_b 和 Bomb（一个 Shpere 和一个 Cube 组合成模型）的预制体。

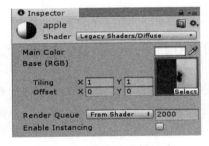

图 11-14　创建苹果材质球

图 11-15　苹果添加材质

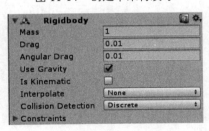

图 11-16　苹果添加刚体组件

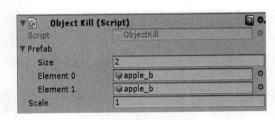

图 11-17　水果预制体

新建一个脚本"ObjectKill"，分别挂载给三个完整水果 apple_a，lemon_a 和 watermelon_a 的预制体以及 Bomb 预制体，即实现当水果被鼠标切开的时候，生成相应的一半水果的模型，以及当切到炸弹的时候生成爆炸的粒子效果，具体代码如下：

```
public class ObjectKill: MonoBehaviour {
    //水果被切
    bool killed = false;
```

```
        public GameObject[] prefab;
        public float scale = 1f;
        public void OnKill()
        {
            if(killed)return;
            foreach(GameObject go in prefab)
            {
                GameObject ins = Instantiate(go, transform.position, Random.rotation)as Game
                 Object;
                Rigidbody rd = ins.GetComponent<Rigidbody>();
                if(rd != null)
                {
                    rd.velocity = Random.onUnitSphere + Vector3.up;
                    rd.AddTorque(Random.onUnitSphere * scale, ForceMode.Impulse);
                }
            }
            killed = true;
        }
    }
```

在 Inspector 视图中，将相应切开后的预制体赋值给 GameObject[]变量，以苹果为例，如图 11-17 所示。

（10）制作水果炸弹的发射器。用一个小球测试游戏水果炸弹出现的范围，使之出现在摄像机的三角视野范围内，如图 11-18 和 11-19 所示。摄像机的视野纵深、高度的方法具体参考官网手册。

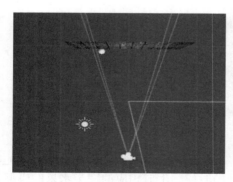

图 11-18　测试游戏对象生成范围 1

图 11-19　测试游戏对象生成范围 2

创建一个 Cube，更名为 "ObjectApp"。新建一个脚本 "ObjectAppear" 挂载给 ObjectApp 游戏对象，实现根据不同的游戏关卡难度，在摄像机的视野范围内随机生成不同概率的水果和炸弹，并调整 ObjectApp 的大小，使得当水果或炸弹掉下来后碰到它会自动销毁，具体代码如下：

```
public class ObjectAppear: MonoBehaviour {
    public GameObject[] fruits;
    public GameObject bomb;
    public float powerScale;
    //暂停变量
    public bool pause = false;
    //开始变量
    bool started = false;
    //每个水果发射的间隔时间
    public float timer =3f;
    public float timeTotal;
    void Awake()
    {
        timeTotal = SharedSettings.ConfigTime;
    }
    void Update(){
        timeTotal -= Time.deltaTime;
        if(timeTotal <= 0)return;
        //游戏暂停
        if(pause)return;
        timer -= Time.deltaTime;
        if(timer <= 0 && !started)
        {
            timer = 0f;
            started = true;
        }
        //游戏运行
        if(started)
        {//当关卡难度系数为 0，即为 "Easy"时
            if(SharedSettings.LoadLevel == 0)
            {//每隔 2.5 s 发射不同游戏对象
                if(timer <= 0)
                {
                    FireUp();
                    timer = 2.5f;
                }
            }
            //当关卡难度系数为 1，即为 "Medium"时
            else
```

```
            if(SharedSettings.LoadLevel == 1)
            { //每隔 2 s 发射不同游戏对象
                if(timer <= 0)
                {
                    FireUp();
                    timer = 2.0f;
                }
            }
            //当关卡难度系数为 2，即为 "Hard"时
            else
            if(SharedSettings.LoadLevel == 2)
            {//每隔 1.5 s 发射不同游戏对象
                if(timer <= 0)
                {
                    FireUp();
                    timer = 1.5f;
                }
            }
        }
    }
//不同关卡难度发射游戏对象的概率
void FireUp()
{
    if(timeTotal <= 0)return;
    if(pause)return;
    //每次必发射一个水果
    Spawn(false);
    //当关卡难度系数为 1，即为 "Medium"时，有 60%概率生成一个水果
    if(SharedSettings.LoadLevel ==1 && Random.Range(0, 10)< 6)
    {
        Spawn(false);
    }
    //当关卡难度系数为 2，即为 "Hard"时，有 80%概率生成一个水果
    if(SharedSettings.LoadLevel ==2 && Random.Range(0, 10)< 8)
    {
        Spawn(false);
    }
    //当关卡难度系数为 0，即为 "Easy"时，有 40%概率生成一个炸弹
    if(SharedSettings.LoadLevel == 1 && Random.Range(0, 100)<40)
```

```
    {
        Spawn(true);
    }
    //当关卡难度系数为 1, 即为 "Medium"时, 有 60%概率生成一个炸弹
    if(SharedSettings.LoadLevel == 1 && Random.Range(0, 100)< 60)
    {
        Spawn(true);
    }
    //当关卡难度系数为 2, 即为 "Hard"时, 有 80%概率生成一个炸弹
    if(SharedSettings.LoadLevel ==2 && Random.Range(0, 100)< 80)
    {
        Spawn(true);
    }
}
//发射游戏物体
void Spawn(bool isBomb)
{//随机 X 方向的数值
    float x = Random.Range(-2.5f, 2.5f);
    //随机 Z 方向的数值
    float z = Random.Range(8f, 10f);
    GameObject ins;
    //生产水果
    if(!isBomb)
            ins = Instantiate(fruits[Random.Range(0, fruits.Length)], transform. position +
                new Vector3(x, 0, z), Random.rotation)as GameObject;
    //生产炸弹
    else
            ins = Instantiate(bomb, transform.position + new Vector3(x, 0, z),
                Random.rotation)as GameObject;
    //给物体施加向上的力
    float power = Random.Range(1.3f, 1.8f)* -Physics.gravity.y * powerScale;
    Vector3 direction = new Vector3(-x * 0.05f * Random.Range(0.3f, 0.8f), 1, 0);
    direction.z = 0f;
    //给物体一定的初始化速度, 控制物体的移动
    ins.GetComponent<Rigidbody>().velocity = direction * power;
    //给物体一定的扭力, 控制物体的旋转
    ins.GetComponent<Rigidbody>().AddTorque(Random.onUnitSphere * 0.1f,
    ForceMode.Impulse);
}
```

```
void OnTriggerEnter(Collider col)
{
    Destroy(col.gameObject);
}
}
```

（11）接下来制作切水果的功能。创建一个空的游戏对象 Line，给该对象添加画线组件"Line Renderer"，设置线条由 10 个点组成，由于 Background 的游戏对象的 Z 轴为 10，这里设置线条的 Z 轴也为 10，同时赋予材质 line（其中材质球 line 的贴图为"Texture"→"Particle"文件夹下的 line 图片），如图 10-20 所示。

（12）给预制体 apple_a、lemon_a、watermelon_a 和 Bomb 设置新层"fruit"，并设置它们的标签分别为 red、yellow、green 和 bomb。

（13）制作水果汁泼溅的墨汁粒子效果。创建一个粒子系统，更名为"SplashFlatApple"，设置粒子开始颜色为红色，粒子个数为 1，施加重力使得粒子慢慢往下坠，粒子渐渐消失即设置粒子的颜色透明度，粒子的大小为瞬间变大，粒子的材质为 splashflat，属性如图 11-21 至 11-24 所示，效果如图 11-25 所示。用同样的方法创建粒子系统"SplashFlatLemon"和"SplashFlatWatermelon"，并把它们拖拽到 Prefabs 文件夹下生成预制体。

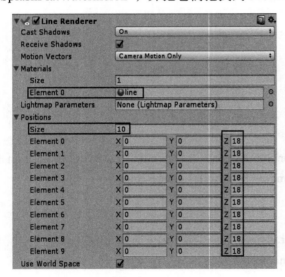

图 11-20　添加 Line Renderer 组件

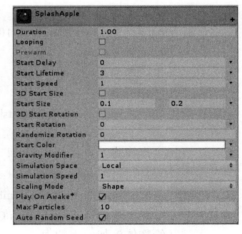

图 11-21　水果泼溅墨汁粒子设置 1

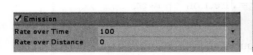

图 11-22　水果泼溅墨汁粒子设置 2

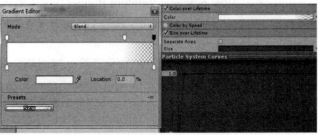

图 11-23　水果泼溅墨汁粒子设置 3

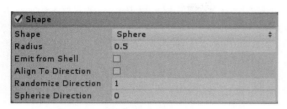

图 11-24　水果泼溅墨汁粒子设置 4

图 11-25　水果泼溅墨汁粒子效果

（14）同理，制作水果汁泼溅的果粒粒子效果的预制体，分别为"SplashApple""SplashLemon"和"SplashWatermelon"，这里就不再赘述，效果如图 11-26 所示。

图 11-26　水果泼溅果粒粒子效果

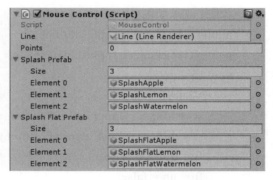

图 11-27　切水果功能参数赋值

（15）新建一个脚本"Mouse Control"，挂载在 GameManager 的游戏对象上，实现完整的切水果效果，参数赋值如图 11-27 所示。具体代码如下：

```
public class MouseControl: MonoBehaviour {
    Vector2 screenInp;
    //鼠标执行动作
    bool fire = false;
    //鼠标执行动作的前一帧
    bool fire_prev = false;
    //鼠标按下
    bool fire_down = false;
    //鼠标抬起
    bool fire_up = false;
    //画线组件
    public LineRenderer line;
    //切水果位置
    Vector2 start, end;
    //线条点位置数值变量
    Vector3[] LinePositions = new Vector3[10];
```

```csharp
//索引切开水果的模型
int index;
//鼠标画线点变量(取 10 个点)
int linePart = 0;
float lineTimer = 1.0f;
float trail_alpha = 0f;
//检测碰撞点
int raycastCount = 10;
//积分
public int score;
bool started = false;
//果汁效果预制体
public GameObject[] splashPrefab;
public GameObject[] splashFlatPrefab;
void Update(){
    Vector2 Mouse;
    screenInp.x = Input.mousePosition.x;
    screenInp.y = Input.mousePosition.y;
    fire_down = false;
    fire_up = false;
    //下面模拟开关事件
    //执行按下鼠标左键动作
    fire = Input.GetMouseButton(0);
    //鼠标按下为真
    if(fire && !fire_prev)fire_down = true;
    //如果鼠标不执行动作，鼠标弹起为真
    if(!fire && fire_prev)fire_up = true;
    //前一帧的动作重新赋值为当前状态
    fire_prev = fire;
    //控制画线方法
    Control();
    //设置线段的相应颜色 Color(r, g, b, alpha)
    Color c1 = new Color(1, 1, 0, trail_alpha);
    Color c2 = new Color(1, 0, 0, trail_alpha);
    line.SetColors(c1, c2);
    if(trail_alpha > 0)trail_alpha -= Time.deltaTime;
}
//切水果或炸弹的方法
void BlowObject(RaycastHit hit)
```

```
{
    if(hit.collider.gameObject.tag != "destroyed")
    {
        //生成切开的水果的部分
        hit.collider.gameObject.GetComponent<ObjectKill>().OnKill();
        //删除切到的水果
        Destroy(hit.collider.gameObject);
        //准备切开的水果预制体
        if(hit.collider.tag == "red")index = 0;
        if(hit.collider.tag == "yellow")index = 1;
        if(hit.collider.tag == "green")index = 2;
        //水果汁泼溅效果
        if(hit.collider.gameObject.tag != "bomb")
        {//记录鼠标触碰到的位置
            Vector3 splashPoint = hit.point;
            splashPoint.z = 5;
            Instantiate(splashPrefab[index], splashPoint, Quaternion.identity);
            splashPoint.z +=1;
            Instantiate(splashFlatPrefab[index], splashPoint, Quaternion.identity);
        }
        //切到水果，分数+1
        if(hit.collider.gameObject.tag != "bomb")score++;
        //切到炸弹，分数-5
        else
        score -= 5;
        //如果分数小于 0，则赋值为 0;
        score = score< 0 ? 0：score;
        hit.collider.gameObject.tag = "destroyed";
    }
}
void Control()
{
    //线段开始
    if(fire_down)
    {//设置鼠标画线的 alpha 值
        trail_alpha = 1.0f;
        //设置线段开始和结束位置
        start = screenInp;
        end = screenInp;
```

```
            started = true;
            linePart = 0;
            lineTimer = 0.25f;
            AddLinePosition();
        }
        //鼠标拖动中
        if(fire && started)
        {
            start = screenInp;
            //记录鼠标在屏幕拖动过程的世界坐标
            var a = Camera.main.ScreenToWorldPoint(new Vector3(start.x, start.y, 10));
            var b = Camera.main.ScreenToWorldPoint(new Vector3(end.x, end.y, 10));
            //判断用户的鼠标(触屏)移动大于 0.1 后, 认为这是一个有效的移动,
            //就可以进行一次 "采样" (sample)
            if(Vector3.Distance(a, b)> 0.1f)
            {
                linePart++;
                lineTimer = 0.25f;
                AddLinePosition();
            }
            trail_alpha = 0.75f;
            end = screenInp;
        }
        //线的 alpha 值大于 0.5 的时候, 可以做射线检测
        if(trail_alpha > 0.5f)
        {
            for(var p = 0;p < 8;p++)
            {
                for(var i = 0;i < raycastCount;i++)
                {
                    Vector3 s = Camera.main.WorldToScreenPoint(LinePositions[p]);
                    Vector3 e = Camera.main.WorldToScreenPoint(LinePositions[p+1]);
                    Ray ray = Camera.main.ScreenPointToRay(Vector3.Lerp(s, e, i /
                            raycastCount));
                    RaycastHit hit;
                    //射线只能作用于 fruit 层, 避免鼠标把背景切除
                    If (Physics.Raycast(ray, out hit, 100, 1 << LayerMask. Name ToLayer
                    ("fruit")))
                    {
```

```
                            BlowObject(hit);
                    }
                }
            }
        }
        if(trail_alpha <= 0)
        linePart = 0;
        //根据时间加入一个点
        lineTimer -= Time.deltaTime;
        if(lineTimer <= 0f)
        {
            linePart++;
            AddLinePosition();
            lineTimer = 0.01f;
        }
        if(fire_up && started)
        started = false;
        SendTrailPosition();
}
void AddLinePosition()
    {//鼠标画线取 10 个点，即 0 ~ 9
    if(linePart <= 9)
    {//给 10 个点赋值
        for(int i = linePart;i <= 9;i++)
        {
            LinePositions[i] = Camera.main.ScreenToWorldPoint(new Vector3(start.x,
                        start.y, 10));
        }
    }
        //鼠标往后移动时候，把后一个点的值赋值给前一个点，最后一个点赋值
        //为鼠标当前坐标
    else
    {
        for(int ii = 0;ii <= 8;ii++)
        {
            LinePositions[ii] = LinePositions[ii + 1];
        }
        LinePositions[9] = Camera.main.ScreenToWorldPoint(new Vector3(start.x, start.y,
                    10));
```

```
            }
        }
        //拷贝线段的数据到 linerenderer
        void SendTrailPosition()
        {
            var index = 0;
            foreach(Vector3 v in LinePositions)
            {
                line.SetPosition(index, v);
                index++;
            }
        }
    }
```

（16）新建一个脚本"ParticalSettings"，挂载给所有的粒子预制体，实现生成粒子 0.5 s 后自我销毁，以减少开销，具体代码如下：

```
public class ParticleDestroy: MonoBehaviour {
        private ParticleSystem ps;
        void Start(){
                ps = GetComponent<ParticleSystem>();
                Destroy(gameObject, ps.startLifetime + 0.5f);
        }
    }
```

（17）在 Canvas 下建立一个名为 GameOver 的游戏结束界面，如图 10-28 所示。新建脚本"UIManager"，挂载给 Canvas 控件。实现 UIScore 控件实时显示分数，Button 按钮在 Pause 和 Resume 之间切换。当按下 Pause 按钮时，游戏暂停并且鼠标无法切开停留在界面上的水果或炸弹；当按下 Resume 按钮时，游戏继续运行，参数赋值如图 10-29 所示，具体代码如下：

```
using UnityEngine.UI;
using UnityEngine.SceneManagement;
public class UIManager：MonoBehaviour {
    //分数文本框
    public Text UIScore;
    MouseControl mouseControl;
    public bool gamePause = false;
    //按钮文本
    public Text pauseButtonText;
    public ObjectAppear oa;
    public Timer timer;
    public Button pauseBtn, restartBtn;
    public GameObject gam;
```

```
void Start(){
    //获得 MouseControl 脚本
    mouseControl = GameObject.Find("GameManager").GetComponent<MouseControl>();
    pauseBtn.onClick.AddListener(Pause);
    restartBtn.onClick.AddListener(Restart);
}
void Update(){
    //显示分数
    UIScore.text = "Score:" + mouseControl.score;
}
//游戏的暂停
public void Pause()
{//查找游戏中带有刚体组件的游戏对象
    Rigidbody[] rs = GameObject.FindObjectsOfType<Rigidbody>();
    gamePause = !gamePause;
    //按下暂停按钮
    if(gamePause)
    {
        gam.SetActive(false);
        foreach(Rigidbody r in rs)
        {
            r.Sleep();
            pauseButtonText.text = "Resume";
            oa.pause = true;
            //倒计时暂停
            timer.PauseTimer(gamePause);
        }
    }
    //按下继续按钮
    else
    {
        gam.SetActive(true);
        foreach(Rigidbody r in rs)
        {
            r.WakeUp();
            pauseButtonText.text = "Pause";
            oa.pause = false;
            timer.PauseTimer(gamePause);
        }
    }
```

```
        }
    }
    public void Restart()
    {//重新加载游戏
        SceneManager.LoadScene("Fruit");
    }
}
```

图 10-28　游戏结束界面

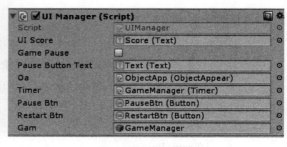

图 10-29　参数赋值

（18）给 SplashApple、SplashLemon 和 SplashWatermelon 粒子预制体分别添加 Audio Source 组件，并赋予不同的音乐，使得切到不同水果和炸弹时有不同的音效。

（19）按下[Ctrl+S]，保存场景。

11.3　本章小结

　　本章开发了休闲类游戏——水果忍者，向读者详细介绍了用 Unity3D 引擎开发游戏的全过程，学习完本章相信读者可以快速掌握开发游戏的具体流程，经过仔细专研学习后，应该会有较大的进步。

参考文献

［1］金玺曾.Unity3D 手机游戏开发[M]. 北京：清华大学出版社，2013.

［2］Unity Technologies.Unity 5.X 从入门到精通[M]. 北京：中国铁道出版社，2016.

［3］吴亚峰.Unity3D 游戏开发标准教程[M]. 北京：人民邮电出版社，2016.

［4］李婷婷.Unity3D 虚拟现实游戏开发[M]. 北京：清华大学出版社，2018.

［5］张帆.Unity3D 游戏开发基础[M]. 杭州：浙江工商大学出版社，2013.

［6］史明.Unity5.X/2017 标准教程[M]. 北京：人民邮电出版社，2018.